ATZ/MTZ-Fachbuch

Die Zugangsinformationen zum eBook inside finden Sie am Ende des Buches in der gedruckten Ausgabe.

Die komplexe Technik heutiger Kraftfahrzeuge und Motoren macht einen immer größer werdenden Fundus an Informationen notwendig, um die Funktion und die Arbeitsweise von Komponenten oder Systemen zu verstehen. Den raschen und sicheren Zugriff auf diese Informationen bietet die Reihe ATZ/MTZ-Fachbuch, welche die zum Verständnis erforderlichen Grundlagen, Daten und Erklärungen anschaulich, systematisch, anwendungsorientiert und aktuell zusammenstellt.

Die Reihe wendet sich an Ingenieure der Kraftfahrzeugentwicklung und Antriebstechnik sowie Studierende, die Nachschlagebedarf haben und im Zusammenhang Fragestellungen ihres Arbeitsfeldes verstehen müssen und an Professoren und Dozenten an Universitäten und Hochschulen mit Schwerpunkt Fahrzeug- und Antriebstechnik. Sie liefert gleichzeitig das theoretische Rüstzeug für das Verständnis wie auch die Anwendungen, wie sie für Gutachter, Forscher und Entwicklungsingenieure in der Automobil- und Zulieferindustrie sowie bei Dienstleistern benötigt werden.

Wolfgang Siebenpfeiffer
Herausgeber

Fahrerassistenzsysteme und Effiziente Antriebe

Herausgeber

Wolfgang Siebenpfeiffer
Stuttgart, Deutschland

ISBN 978-3-658-08160-7   ISBN 978-3-658-08161-4 (eBook)
DOI 10.1007/978-3-658-08161-4

Die Deutsche Nationalbibliothek verzeichnet diese Publikation in der Deutschen Nationalbibliografie; detaillierte bibliografische Daten sind im Internet über http://dnb.d-nb.de abrufbar.

Springer Vieweg
© Springer Fachmedien Wiesbaden 2015

Einbandabbildung: © [M] zhudifeng/iStock

Gedruckt auf säurefreiem und chlorfrei gebleichtem Papier.

Springer Fachmedien Wiesbaden GmbH ist Teil der Fachverlagsgruppe Springer Science+Business Media
(www.springer.com)

Vorwort

Mit diesem neuen Band aus der Reihe ATZ/MTZ-Fachbuch halten Sie ein Kompendium des technischen Fortschritts unseres Fachgebiets in Händen, das Ihnen wesentliche Einblicke in aktuelle Aufgabenstellungen von zwei Trendthemen in der Kraftfahrzeug- und Motorentechnik vermittelt. Der erste Block widmet sich den Fahrerassistenzsystemen für Personenwagen und Nutzfahrzeuge; im zweiten Block werden Verbesserungspotenziale im Antriebsstrang beleuchtet. Diese Dokumentation geht auf ausgewählte Veröffentlichungen in den Fachzeitschriften ATZ, MTZ und ATZelektronik aus dem Jahr 2014 zurück.

Fahrerassistenzsysteme erfüllen immer umfangreichere Funktionen hinsichtlich Komfort und Sicherheit. Sie sind ein wichtiger Treiber zur Vermeidung von Straßenverkehrsunfällen geworden und ihre positiven Auswirkungen für eine Reduzierung von Kraftstoffverbrauch und CO_2 werden immer mehr erkannt. Damit verbunden ist allerdings eine deutlich höhere Komplexität des Gesamtsystems, deren Beherrschung aufwändige Testverfahren notwendig machen. Die damit ausgelöste Dynamik in allen beteiligten Fachkreisen überrascht nicht, denn nur die konsequente Verfolgung von interdisziplinären Lösungsansätzen bis hin zur Klärung rechtlicher Fragestellungen ist zielführend. Große Fortschritte sind schon ersichtlich, dennoch müssen noch viele Probleme bearbeitet werden, um den Fahrerassistenzsystemen in allen Fahrzeugklassen zum Durchbruch zu verhelfen. Denn nur dann besteht die Aussicht, dass sie den gewünschten Einfluss auf die Senkung der Verkehrstoten bewirken.

Die Antriebsentwicklung hat in den letzten Jahren weitreichende Veränderungsprozesse erlebt. Sowohl die Verbrennungsmotoren als auch alternative Antriebe für Kraftfahrzeuge haben vor dem Hintergrund der Emissionsanforderungen bedeutsame Impulse erfahren. Für Diesel- und Ottomotoren wurden Verbesserungen erreicht, die dieser Antriebsart auch für die Zukunft ihre Existenzberechtigung nachweist. Die letzten Potenziale zu schöpfen erfordert allerdings einen immer größer werdenden Forschungs- und Entwicklungsaufwand. Einzelne Aspekte greift der zweite Block dieses Bandes auf. Aufladung und Downsizing bilden dabei die Schwerpunkte, um die Effizienz weiter zu steigern. Die Elektrifizierung des Antriebsstrangs ist eingeläutet und wird zu gewaltigen Veränderungsprozessen führen. Rein elektrische Antriebe mit Batterien und Brennstoffzellen werden in kleinen Schritten das Portfolio der Kraftfahrzeughersteller ergänzen und dabei helfen, die zukünftigen Emissionsziele für die Fahrzeugflotten zu erfüllen. Erste Realisierungsbeispiele werden in diesem Fachbuch geschildert. Eine aufschlussreiche und inspirierende Lektüre!

Stuttgart, Dezember 2014

Wolfgang Siebenpfeiffer

Autorenverzeichnis

Teil 1: Fahrerassistenz

Weiterentwicklung der Assistenzsysteme aus Endkundensicht
Dipl.-Ing. Joachim Mathes
ist Direktor FuE und Produktmarketing für Fahrerassistenz bei Valeo in Bietigheim-Bissingen.

Dipl.-Ing. Harald Barth
ist Produktmarketing-Manager für Fahrerassistenz bei Valeo in Bietigheim-Bissingen.

Eco-ACC für Elektro- und Hybridfahrzeuge
Dr. Folko Flehmig
ist zuständig für Fahrerassistenzfunktionen in der Vorentwicklung des Geschäftsbereichs Chassis Systems Control der Robert Bosch GmbH in Abstatt.

Frank Kästner
ist Abteilungsleiter der Vorentwicklung des Geschäftsbereichs Chassis Systems Control der Robert Bosch GmbH in Abstatt.

Dr. Kosmas Knödler
ist zuständig für öffentlich geförderte Projekte im Bereich Elektromobilität im Geschäftsbereich Chassis Systems Control der Robert Bosch GmbH in Abstatt und Projektkoordinator für OpEneR.

Dr. Michael Knoop
ist Fachreferent in der Vorentwicklung des Geschäftsbereichs Chassis Systems Control der Robert Bosch GmbH in Abstatt.

Interaktives Lenkrad für eine bessere Bedienbarkeit
Heiko Ruck
ist Vice President und global verantwortlich für die Vorentwicklung der Lenkräder und Fahrerairbags bei der Takata Corp. in Tokio (Japan).

Thomas Stottan
ist CEO und verantwortlich für Strategie sowie FuE bei vernetzten Automobilen (Car ICT und Mensch-Maschine-Interaktion) bei der Audio Mobil Elektronik GmbH in Braunau-Ranshofen (Österreich).

Energieeffiziente Fahrzeuglängsführung durch V2X-Kommunikation
Dipl.-Ing. Dipl.-Wirt.-Ing. Philipp Themann
ist Teamleiter Entwicklung FAS am Institut für Kraftfahrzeuge (ika) der RWTH Aachen.

Dr.-Ing. Adrian Zlocki
ist Bereichsleiter Fahrerassistenz bei der fka Forschungsgesellschaft Kraftfahrwesen mbH Aachen.

Univ.-Prof. Dr.-Ing. Lutz Eckstein
ist Leiter des Instituts für Kraftfahrzeuge (ika) der RWTH Aachen.

Lang-Lkw per Fernbedienung rangieren
Dipl.-Ing. Olrik Weinmann
ist Projektleiter in der Vorentwicklung, Erprobung bei der ZF Friedrichshafen AG in Friedrichshafen.

Dr. Franz Bitzer
ist Teamleiter in der Funktionsentwicklung Hybrid der ZF Friedrichshafen AG in Friedrichshafen.

Dipl.-Ing. Nicolas Boos
ist Mitarbeiter in der Funktionsentwicklung der ZF Lenksysteme GmbH in Schwäbisch Gmünd.

Dipl.-Ing. Michael Burkhart
ist zuständig für Sonderprojekte bei Openmatics in Pilsen (Tschechische Republik).

Datensicherheit im vernetzten Lkw
Dipl.-Ing. Helmut Visel
ist Teamleiter und verantwortlich für
Elektronikentwicklung, Elektronik-
integration und Software-Validierung
mit Schwerpunkt Nutzfahrzeug bei der
Bertrandt Technikum GmbH
in Ehningen.

Sabrina Winkelmann
ist Diplomandin und arbeitet im The-
menfeld Fahrzeugspezifische IT-Sicherheit bei der Bertrandt Technikum GmbH
in Ehningen.

Projekt Proreta 3
Sicherheit und Automation mit
Assistenzsysteme
Dipl.-Psych. Stephan Cieler
ist Manager für HMI und Design im Be-
reich Interior Electronics Solutions der
Continental-Division Interior in Baben-
hausen.

Prof. Dr.-Ing. Ulrich Konigorski
ist Inhaber des Lehrstuhls Regelungstechnik und Mechatronik am Institut für
Automatisierungstechnik (RTM) im
Fachbereich Elektrotechnik und Informationstechnik der TU Darmstadt.

Dr.-Ing. Stefan Lüke
ist Leiter Fahrerassistenzsysteme & Con-
tiGuard in der Zukunftsentwicklung der
Continental-Division Chassis & Safety in
Frankfurt am Main.

Prof. Dr. rer. nat. Hermann Winner
ist Inhaber des Lehrstuhls für Fahrzeugtechnik und Leiter des Fachgebiets Fahrzeugtechnik (FZD) im Fachbereich Ma-
schinenbau der TU Darmstadt.

Heterogene Prozessoren für
Fahrerassistenzsysteme
Frank Forster
ist Systems Marketing und Applikations
Manager für ADAS bei Texas Instru-
ments in Freising bei München.

Zentrales Steuergerät für
teilautomatisiertes Fahren
Dr. Hans-Gerd Krekels
ist Director TechnologyStrategy & Core
Electronics/Portfolio Director Integrated
Electronics bei TRW Automotive in Koblenz.

Ralf Loeffert
ist Chief Engineer Global Integrated
Electronics bei TRW Automotive
in Koblenz.

Simulation von Sensorfehlern zur
Evaluierung von Fahrerassistenzsystemen
Dr. Robin Schubert
ist Geschäftsführer der Baselabs GmbH
in Chemnitz.

Norman Mattern
ist Leiter Product and Services bei der
Baselabs GmbH in Chemnitz.

Roy Bours
ist Produktmanager Software and
Services bei TASS International in
Rijswijk (Niederlande).

Fahrerassistenzsysteme –
Abwägungsprozess nicht unterschätzen
Markus Schöttle
Stellvertretender Chefredakteur
ATZelektronik

Teil: Effiziente Antriebe

Der elektrische Antriebsbaukasten
von Volkswagen
Dipl.-Ing. Hanno Jelden
ist Leiter der Hauptabteilung Antriebs-
elektronik in der Aggregateentwicklung
der Volkswagen AG in Wolfsburg.

Dipl.-Ing. Peter Lück
ist Leiter der Abteilung Hybrid-
komponenten in der Aggregateentwicklung der Volkswagen AG in
Wolfsburg.

Dipl.-Ing. Georg Kruse
ist technischer Projektleiter der Elektro-
fahrzeugprojekte in der Aggregateentwicklung der Volkswagen AG in Wolfsburg.

Dipl.-Ing. Jonas Tousen
verantwortet die E-Maschinen für Elektrofahrzeuge in der Aggregateentwicklung der Volkswagen AG in Wolfsburg.

**Leistungsstarke Turboaufladung für Pkw-
Dieselmotoren**
Dr. Frank Schmitt
ist Senior Manager Customer
Application System Performance –
Appplication Engineering Europe bei der
BorgWarner Turbo Systems Engineering
GmbH in Kirchheimbolanden.

**Kombinierte Miller-Atkinson-Strategie
für Downsizing-Konzepte**
Dr.-Ing. Martin Scheidt
ist Leiter Entwicklung im Unterneh-
mensbereich Motorsysteme bei der
Schaeffler Technologies GmbH & Co. KG
in Herzogenaurach.

Dr.-Ing. Christoph Brands
ist Leiter Technische Berechnung im Un-
ternehmensbereich Motorsysteme bei
der Schaeffler Technologies GmbH & Co.
KG in Herzogenaurach.

Matthias Kratzsch
ist Bereichsleiter Development
Powertrain bei der IAV GmbH
in Berlin.

Michael Günther
ist Abteilungsleiter Verbrennung/Ther-
modynamik Ottomotoren bei der IAV
GmbH in Chemnitz.

**Die neuen Drei- und Vierzylinder-
Ottomotoren von BMW**
Ing. Fritz Steinparzer
ist Leiter der Dieselmotorenentwicklung
bei der BMW AG
in Steyr (Österreich).

Dipl.-Ing. Thomas Brüner
ist Abteilungsleiter Mechanik-
entwicklung in der Antriebsentwicklung
bei der BMW AG
in München.

Prof. Dr. Christian Schwarz
ist Leiter Prozess Antrieb Produktlinie
kleine und mittlere Modellreihe bei der
BMW AG in München.

Dipl.-Ing. Markus Rülicke
ist Leiter Projekte Baukasten Ottomotoren in der Antriebsentwicklung bei der
BMW AG in München.

**Dreizylinder-Turbomotor mit Zuschaltung
eines Zylinders**
Prof. Dr.-Ing. Rudolf Flierl
ist Wissenschaftlicher Leiter des Lehrstuhls für Verbrennungskraftmaschinen
der Technischen Universität Kaiserslautern und Geschäftsführer der Entec
Consulting GmbH in Hirschau.

Prof. Dr.-Ing. Wilhelm Hannibal
ist Leiter des Labors für Konstruktion
und CAE-Anwendungen der Fachhoch-
schule Südwestfalen in Iserlohn und Geschäftsführer der Entec Consulting
GmbH in Hirschau.

Dipl.-Ing. Anton Schurr
ist wissenschaftlicher Mitarbeiter
am Lehrstuhl für Verbrennungskraftmaschinen der Technischen
Universität Kaiserslautern.

Dipl.-Ing. (FH) Jörg Neugärtner
ist wissenschaftlicher Mitarbeiter
am Lehrstuhl für Verbrennungskraftmaschinen der Technischen
Universität Kaiserslautern.

Symbiose aus Energierückgewinnung und Downsizing

Dr.-Ing. Heiko Neukirchner
ist Fachbereichsleiter Vorentwicklung Powertrain bei der IAV GmbH in Chemnitz.

Torsten Semper
ist Projektleiter Abwärmerückgewinnung im Bereich Vorentwicklung Powertrain bei der IAV GmbH in Chemnitz.

Daniel Lüderitz
ist Sachbearbeiter Abwärmerückgewinnung in der Abteilung Energiemanagement im Bereich Vorentwicklung Powertrain bei der IAV GmbH in Chemnitz.

Oliver Dingel
ist Leiter Energiemanagement im Bereich Vorentwicklung Powertrain bei der IAV GmbH in Chemnitz.

Elektrifizierter Antriebsstrang – mehr Effizienz durch vorausschauendes Energiemanagement

Dr.-Ing. Armin Engstle
ist Leiter Product Center Vehicle Controls bei der AVL Software and Functions GmbH in Regensburg.

M. Sc. Andreas Zinkl
ist Software-Entwickler bei der AVL Software and Functions GmbH in Regensburg.

Dipl.-Ing. Anton Angermaier
ist Leiter der Geschäftseinheit E-Mobility bei der AVL Software and Functions GmbH in Regensburg.

Dr. Wolfgang Schelter
ist Managing Director bei der AVL Software and Functions GmbH in Regensburg.

Energiespeichersystem – mehr Energieeffizienz mit dem 12-V-Bordnetz

Dr.-Ing. Marc Nalbach
ist Entwicklungsleiter Energiemanagement bei der Hella KGaA Hueck & Co. in Lippstadt.

Dr. Christian Amsel
ist Mitglied der Geschäftsleitung Geschäftsbereich Elektronik, Product Center Electronics bei der Hella KGaA Hueck & Co. in Lippstadt.

Dipl.-Ing. Sebastian Kahnt
ist Energieexperte bei der Intedis GmbH in Würzburg.

Inhaltsverzeichnis

Teil 1

Fahrerassistenzsysteme

Inhaltsverzeichnis

Weiterentwicklung der Assistenzsysteme aus Endkundensicht

Dipl.-Ing. Joachim Mathes | Dipl.-Ing. Harald Barth

Ablenkung am Steuer zählt zu den häufigsten Unfallursachen. Valeo zeigt mit einer Studie unter Autofahrern in Deutschland, Frankreich, China und den USA, dass Ablenkung oft kaum noch als Gefahr wahrgenommen wird. Die Lösung könnte darin liegen, dem Fahrer die Möglichkeit zu bieten, die Fahraufgabe an ein Assistenzsystem zu delegieren. Zusammen mit Radar, Kamera und Laserscanner steigert man Komfort und Freiheit – und vor allem die Sicherheit.

© Springer Fachmedien Wiesbaden 2015, W. Siebenpfeiffer (Hrsg.),
Fahrerassistenzsysteme und Effiziente Antriebe, ATZ/MTZ-Fachbuch, DOI 10.1007/978-3-658-08161-4_1

Eine sichere und angenehme Fahrt

Schon Karl Marx wusste, dass „alle Revolutionen bisher nur eines bewiesen [haben], nämlich, dass sich vieles ändern lässt, bloß nicht die Menschen". Zwar ändert sich die Welt um uns herum, unsere Grundbedürfnisse als Mensch bleiben dabei jedoch gleich. Zusammengefasst und vereinfacht kann man sagen, dass wir zum einen sicher und zum anderen gern leben wollen. Wie auch immer unsere Lebensumstände sein mögen und was auch immer wir tun, wir möchten, dass wir – und die Menschen, die uns wichtig sind – nichts zu befürchten haben. Wie auch immer unsere Lebensumstände sein mögen und was auch immer wir tun, wir wünschen uns, das Leben genießen zu können. Diese beiden Grundbedürfnisse durchziehen unser ganzes Leben, und gelten somit auch dann, wenn wir unterwegs sind, zum Beispiel mit dem Automobil.

Unabhängig davon, ob wir privat, geschäftlich, allein oder in Gesellschaft unterwegs sind, egal, ob wir es eilig haben oder entspannt reisen, wir möchten sicher ankommen. Und wir möchten, dass die Fahrt angenehm verläuft. Konkret kann das selbstverständlich sehr unterschiedlich aussehen. Bin ich gerade bewusst sportlich unterwegs, steht sicher die Freude des Fahrens mehr im Vordergrund, dennoch möchte ich natürlich sicher ankommen. Stehe ich morgens kurz vor dem Büro im Stau, obwohl ich dringend eine Mail verschicken muss, bleibt die Freude am Fahren sicher aus.

Autofahren und Nebentätigkeit

Ein weiterer Aspekt ist, dass sich der moderne Mensch daran gewöhnt hat, immer und zu jeder Zeit mit seiner Umwelt in Verbindung zu stehen. Dabei wird gerade bei jungen Menschen Autofahren mehr und mehr als der Zustand gesehen, wo das nicht möglich ist; zumindest nicht, ohne ein Sicherheitsrisiko einzugehen. Und sind wir mal ehrlich: Wie viele von uns haben nicht schon während der Fahrt eine E-Mail gecheckt oder eine kurze SMS geschrieben? Studien zeigen, dass dies keinesfalls Ausnahmen sind.

Die Autoindustrie reagiert auf dieses Bedürfnis. Infotainment-Systeme mit Schrifterkennung, Spracherkennung und Vorlesefunktionen sollen helfen, die Ablenkung so gering wie möglich zu halten. Soviel die Technik den Menschen unterstützen kann, ändern kann sie ihn nicht. Und der Mensch ist nicht multitaskingfähig. Das heißt, wer Auto fährt, muss sich – um sicher unterwegs zu sein – auf das Autofahren konzentrieren. Wer sich einer Nebentätigkeit widmet, geht damit – zumindest zum Teil auch bewusst – immer ein Sicherheitsrisiko ein.

Studie zum Thema Ablenkung am Steuer

Eine von Valeo im Jahr 2012 in Auftrag gegebene Studie [1] unter Autofahrern in Deutschland, Frankreich, China und den USA hat das Sicherheitsrisiko bestätigt. Zunächst wurden die Teilnehmer dazu befragt, welche Art von Nebentätigkeiten sie während der Fahrt ausüben, wann sie dies tun und wie häufig. Außerdem sollten sie ihr Verhalten vom Gesichtspunkt der Sicherheit her beurteilen, **Bild 1**. Das Ergebnis war dabei weltweit vergleichbar. Nicht überrascht hat, dass die Bedienung der Audioanlage, eine Unterhaltung mit Mitfahrern oder das Essen und Trinken während der Fahrt als normal angesehen werden. Bei diesen häufig durchgeführten Nebentätigkeiten besteht auch kaum noch ein Gefahrenbewusstsein. Doch auch das Sprechen am Telefon und die Bedienung des Navigationsgeräts werden zunehmend dieser Kategorie zugeordnet.

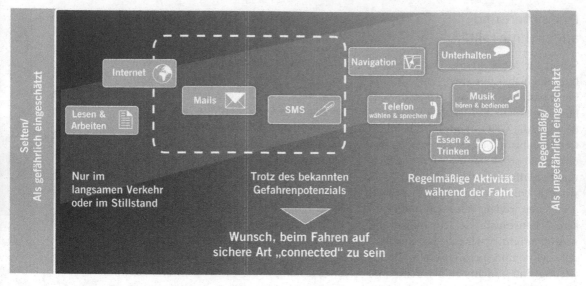

Anders sieht dies beim Lesen und Schreiben von Textnachrichten oder E-Mails aus. Dieses wird klar als gefährlich wahrgenommen. Dennoch haben viele Teilnehmer der Studie zugegeben, es mehr oder weniger regelmäßig zu tun. Eines wurde in der Studie deutlich: Durch Verbote lässt sich dieses Dilemma nicht lösen. Der Wunsch des Endkunden ist klar: Er wünscht sich eine technische Lösung, die es ihm erlaubt, sicher unterwegs zu sein, und die ihm gleichzeitig die Freiheit gibt, das eine oder andere während der Fahrt zu erledigen. Die Fahrt genießen heißt eben auch, auf nichts Gewohntes verzichten zu müssen.

Automatisierung als Ausweg

Der Weg aus diesem Interessenkonflikt heißt automatisiertes Fahren. Dabei geht es nicht darum, den Fahrer zu ersetzen oder ihm etwas wegzunehmen. Vielmehr wird ihm ein Stück Freiheit zurückgegeben. Der Fahrer soll entscheiden können, ob er momentan gern selbst fährt oder die Fahraufgabe in der aktuellen Situation lieber delegieren möchte. Dabei wird sich der Paradigmenwechsel, dem Fahrer

auch während des Fahrens eine freie Zeiteinteilung zu ermöglichen, stufenweise vollzieht. Diese Stufen sind abhängig davon, was technisch machbar ist und was im rechtlichen Rahmen umgesetzt werden kann. Sie sind aber auch davon abhängig, was vom Endkunden akzeptiert und bezahlt wird.

In der Valeo-Studie wurden die Teilnehmer auch hinsichtlich verschiedener Arten der Automatisierung befragt, **Bild 2**. Sowohl in Europa als auch in China und den USA erzielte dabei das automatisierte Parken die höchste Akzeptanz. Hier sieht der Endkunde offensichtlich einen großen Mehrwert im täglichen Gebrauch. Der hohe Bekanntheits- und Verbreitungsgrad aktueller teilautomatisierter Systeme hat sicherlich ebenfalls eine Rolle gespielt, ebenso wie die Tatsache, dass es sich um ein Manöver mit geringer Geschwindigkeit handelt. Im Bereich des „Fahrens" erhielt die automatische Notbremsfunktion vergleichbar hohe Akzeptanzwerte; wobei die USA hier etwas zurückfallen. Auch hier sind sicherlich der leicht erkennbare Nutzen sowie ein steigender Bekanntheitsgrad als Gründe zu nennen.

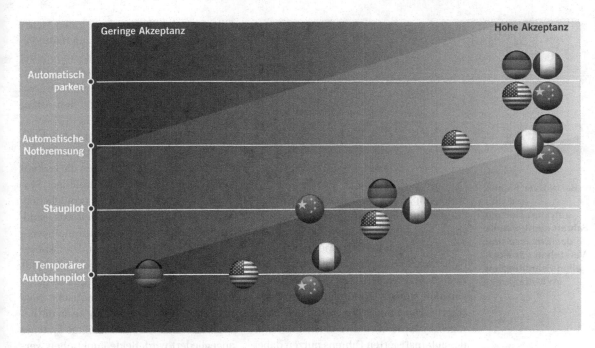

Auf zukünftige Funktionen des automatisierten Fahrens angesprochen, waren die Teilnehmer in Bezug auf einen Staupiloten noch etwas zurückhaltend; mit einem temporären Autobahnpiloten können sich die meisten Endkunden heute noch nicht anfreunden, besonders die Deutschen nicht. Hier zeigt sich, dass das automatisierte Fahren derzeit oft noch negative Assoziationen weckt. Der Kunde fährt gern und möchte sich das nicht wegnehmen lassen. Der Gewinn an Freiheit und Zeit wird dabei nicht direkt gesehen. Auf der anderen Seite fehlt noch das Vertrauen in die Leistungsfähigkeit der Technik, diese Funktionen stabil und sicher zu bewerkstelligen. Auch daher erscheint eine stufenweise Einführung sinnvoll.

Eine entscheidende Rolle wird hierbei der Sicherheitsbewertung für Neufahrzeuge, den New Car Assessment Programmes (NCAP), zukommen. Weltweit werden derzeit die Anforderungen verschärft und erweitert, um weiterhin die begehrte Auszeichnung mit fünf Sternen

zu erreichen. Besonders in Europa wird man diesen Bestwert zukünftig nur noch durch den Einsatz aktiver Sicherheitssysteme erreichen können. Dies wird zum serienmäßigen Verbau automatischer Notbremssysteme sowie Systemen zur Fahrspurverlassenswarnung und Verkehrszeichenerkennung führen, die der Kunde auf der Optionsliste sonst möglicherweise nicht angekreuzt hätte. Hier zeigt sich eine Diskrepanz zu Umfrageergebnissen, bei denen die Befragten regelmäßig angeben, großen Wert auf die Verfügbarkeit der aktuell besten Sicherheitsausstattung zu legen.

Herausforderungen für die Technik

So wie der serienmäßige Einbau elektronischer Stabilitätssysteme (ESP oder ESC) und elektromechanischer Lenkungen (EPS) den kostengünstigen Einsatz anderer Funktionen begünstigt oder gar erst ermöglicht hat (beispielsweise das teilautomatische Einparken oder eine Seiten-

Bild 2
Valeo-Studie II – automatisches Parken und Notbremssysteme zeigten unter allen Assistenzsystemen die höchste Endkundenakzeptanz in den vier Ländern Deutschland, Frankreich, China und USA

Aktive Sicherheit

System übernimmt

Sicherheitsgewinn

Kurzfristig

Fähigkeit, die Fahrsituation zu erkennen und zu verstehen

Fahrer delegiert

Genussgewinn

Mittel- und langfristig

Automatisches Fahren

Bild 3
Bei aktiver Sicher-
heit und
automatisiertem
Fahren steht jeweils
das Erfassen und
Verstehen der aktu-
ellen Fahrsituation
im Mittelpunkt

windkompensation), so kann und wird die standardmäßige Verfügbarkeit von Kamera- und Sensorsystemen als Grundlage für weiterführende Funktionen der aktiven Sicherheit und des automatisierten Fahrens genutzt werden. Dies wird die bereits genannte stufenweise Einführung automatisierter Fahrfunktionen enorm beschleunigen. Systeme der aktiven Sicherheit und des automatisierten Fahrens nutzen dabei grundsätzlich die gleichen Sensorinformationen. So unterschiedlich die Funktionen im Hinblick auf Auslegung und Wahrnehmung sind, in beiden Fällen steht das Erfassen und Verstehen der aktuellen Fahrsituation im Mittelpunkt, Bild 3. Funktionen der aktiven Sicherheit können dabei auch als Unterfunktionen des automatisierten Fahrens gesehen werden.

Valeo hat 1991 das erste auf Ultraschall basierende Parkassistenzsystem im BMW 7er eingeführt. Weitere Meilensteine waren die Einführung der kamerabasierten Spurverlassenswarnung in 2004 und die radarbasierte Tote-Winkel-Überwachung in 2006. Für einfacheres und sichereres Parken und Rangieren sorgen das teilautomatische Einparksystem Park4U und das Umfeldkamerasystem 360Vue, letzteres generiert aus vier Einzelbildern eine nahtlose virtuelle Draufsicht im Cockpit-Bildschirm.

Für den Automobilhersteller ist ein weiterer Unterschied zwischen den beiden Funktionskategorien von Interesse: Zwar erwartet der Endkunde allgemein bestmögliche Sicherheit, ist jedoch im Einzel-

fall meist nicht bereit, dafür einen Mehrpreis zu bezahlen. Dies gilt auch für Systeme der aktiven Sicherheit. Anders bei Funktionen der Automatisierung. Diese können im Gegensatz zu Sicherheitssystemen vom Fahrer im täglichen Alltag genutzt und erlebt werden.

Für die Fahrzeughersteller ergibt sich somit die Herausforderung, Architekturen bereitzustellen, die zum einen die kostengünstige Integration serienmäßiger Systeme zur aktiven Sicherheit ermöglichen, andererseits aber auch erweiterbar sind, um Funktionen für das automatisierte Fahren anbieten zu können. Die Skalierbarkeit der Architektur wird in Zukunft also von großer Bedeutung sein. Es ist zu erwarten, dass eine automatische Notbremsung in ihrer Basisvariante an die bereits vorhandenen Fahrstabilitätssysteme angegliedert wird. Beide Funktionen werden zur Basisausstattung gehören. Nun muss es möglich sein, durch höherwertige und/oder zusätzliche Sensoren sowie ein leistungsfähigeres Steuergerät in dieser Architektur Funktionen wie zum Beispiel einen Staupiloten darzustellen, der aber eine mehrpreispflichtige Option bleibt. Es bildet sich also ein Knoten für das automatisierte Fahren.

Wie bereits festgestellt besteht endkundenseitig jedoch momentan das größte Interesse am automatisierten Parken. Auch dieses wird weiterhin als mehrpreispflichtiges Extra akzeptiert, wenngleich sich die Ausstattungsraten aktueller Systeme auf hohem Niveau bewegen. Zukünftig werden hier Ultraschall- und Multikamerasysteme eine lückenlose Objekterkennung im Nahbereich gewährleisten. In der Kombination beider Technologien lässt sich damit eine Zuverlässigkeit erreichen, wie sie für hochautomatisiertes Parken notwendig ist. Als Basis dient hier das rein warnende System auf Ultraschallbasis, das in vielen Märkten mehr und mehr zur Serienausstattung wird. Auch hier bieten automati-

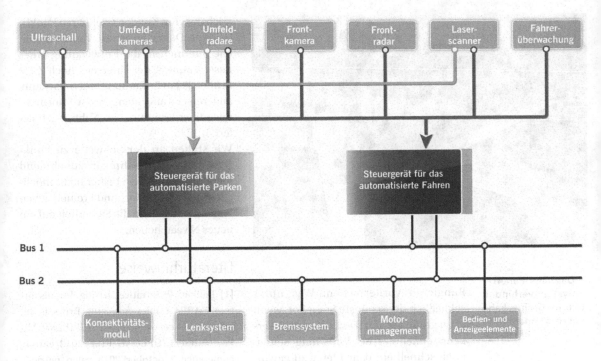

sierte Funktionen die Möglichkeit, beim Kunden einen Mehrpreis für zusätzliche Optionen zu erzielen, die den Mehraufwand für zusätzliche Sensoren und eine aufwendigere Signalverarbeitung rechtfertigen.

Es entstehen also zwei skalierbare Steuergeräte, eines für alle Funktionen des automatisierten Fahrens, ein zweites für das automatisierte Parken. Je nach Grad der Automatisierung erhalten diese Zugriff auf die Daten unterschiedlicher Sensoren und bedienen unabhängig voneinander die Schnittstellen der jeweiligen Bedien- und Anzeigeelementen sowie der verschiedenen Regelsysteme, Bild 4. In der ferneren Zukunft ist dabei durchaus eine weitere Integration auf nur einen Domänenrechner vorstellbar, jedoch stellen die Handhabung von Komplexität und Skalierbarkeit heute noch eine große Herausforderung dar.

Verbindung zwischen automatisiertem Parken und Fahren

In der realen Anwendung gibt es dabei durchaus Verbindungen zwischen dem automatisierten Parken und dem automatisierten Fahren. Automatisiertes Parken umfasst mehr als nur den reinen Parkvorgang. Zukünftige Systeme werden den Fahrer auch in Rangiersituationen unterstützen. Das von Valeo auf der IAA 2013 vorgestellte Valet-Park4U-System geht sogar noch einen Schritt weiter: Die Funktion bietet zunächst vollautomatisches Fahren vom Startpunkt bis zur Parklücke, um dann ebenso vollautomatisch einzuparken, Bild 5. Der Bediener steht neben dem Wagen und steuert die Fahrzeugbewegungen per Smartphone, hat dabei einen guten Überblick über mögliche Hindernisse.

Mit dem zukünftigen Staupilot hingegen dringt die automatische Fahrfunktion in einen Geschwindigkeitsbereich und in Abstände vor, wie sie beim Parken und

Bild 4
Schematische Darstellung einer Architektur mit zwei Steuergeräten, die das automatisierte Parken und das automatisierte Fahren betreiben

reich der vom Kunden erlebbaren Funktionalität. Daher investiert Valeo erhebliche Summen in die Entwicklung eines Laserscanners, der einerseits noch Ziele in über 200 m Entfernung erkennen kann, andererseits aber auch präzise Informationen über Freiräume im Nahbereich liefert, Bild 6.

Wir stehen an der Schwelle zu Funktionen, die dem Fahrer in zunehmend mehr Situationen ein bisher nicht mögliches Maß an Komfort und Freiheit geben – und die vor allem die Sicherheit auf ein neues Niveau heben.

Bild 5
Das Valet-Park4U-System verbindet automatisches Fahren und Parken miteinander

Rangieren vorherrschen. Was nutzt schließlich der schönste Staupilot, wenn er zu große Lücken lässt, die andere Verkehrsteilnehmer als Einladung sehen, noch schnell ein paar Meter zu gewinnen?

Auf Seiten der Umfelderfassung kann ein Laserscanner [2] zum Bindeglied zwischen Sensoren für den Nahbereich und solchen für den Fernbereich werden. Sein großes Sichtfeld und die präzise Ortsauflösung im kurzen und mittleren Entfernungsbereich machen ihn zu einer Schlüsseltechnik für das hochautomatisierte Parken und Fahren. Er bietet das Potenzial für einen großen Sprung im Be-

Literaturhinweise

[1] Reilhac, P.: Intuitive Driving. Impulsvortrag, EARPA Conference 2013, Brussels. In: http://www.earpa.eu/ENGINE/FILES/EARPA/WEBSITE/UPLOAD/FILE/2013/earpa_conference_2_october_2013_valeo_patrice_reilhac.pdf vom 10. Dezember 2013

[2] Reichenbach, M.: Valeo: Grundsteinlegung, Teststreckeneröffnung und Laser als Assistenzsystem. In: http://www.springer-professional.de/valeo-grundsteinlegung-test-streckeneroeffnung-und-laser-als-assistenz-system/4511356.html vom 19. Juni 2013

Bild 6
Der Laserscanner erkennt sowohl Informationen in über 200 m Entfernung als auch im Nahbereich

Eco-ACC für Elektro- und Hybridfahrzeuge

Dr. Folko Flehmig | Frank Kästner | Dr. Kosmas Knödler | Dr. Michael Knoop

Die Regelungsstrategien des ACC lassen sich für Hybrid- und Elektrofahrzeuge im Hinblick auf den Energieverbrauch verbessern. Dazu arbeiten Bosch-Ingenieure an einem Eco-ACC, das sich mehr Zeit für die Annäherung an das vorausfahrende Fahrzeug lässt. Nach einer kurzen Rekuperationsphase wird ein beträchtlicher Teil des Manövers im Segelbetrieb ohne Energieverbrauch für den Vortrieb zurückgelegt.

© Springer Fachmedien Wiesbaden 2015, W. Siebenpfeiffer (Hrsg.),
Fahrerassistenzsysteme und Effiziente Antriebe, ATZ/MTZ-Fachbuch, DOI 10.1007/978-3-658-08161-4_1

Szenarien

Entscheidend für die Akzeptanz von batteriebetriebenen Elektrofahrzeugen ist die Steigerung ihrer Reichweite. Dazu trägt neben der Weiterentwicklung der Batterietechnik auch die Verbesserung der Energieeffizienz bei, zum Beispiel durch Rückgewinnung elektrischer Energie beim Verzögern. Dabei ist der Einsatz der hydraulischen Reibbremse soweit wie möglich zu vermeiden. Stattdessen sollte die Verzögerung über Fahrwiderstände im Segelbetrieb [1] und/oder über generatorisches Bremsen mit den elektrischen Maschinen eingestellt werden [2, 3].

Ein Ansatz für die Verbesserung der Energieeffizienz besteht darin, das Verzögerungsprofil als gegeben anzunehmen und es durch Segel- oder Rekuperationsbetrieb möglichst gut auszunutzen. Zusätzliches Potenzial erschließt sich jedoch durch eine optimale Gestaltung des Verzögerungsprofils, wie bereits in [4] für Szenarien ohne Segelphase gezeigt wurde.

Segeln ist effizienter als Rekuperieren, weil die Verluste im elektrischen System entfallen. Auf der anderen Seite führt eine Segelphase zu längeren Manöverzeiten; aufgrund der geringen Verzögerung werden große Vorausschauweiten von mehreren 100 m bis zu 1 km benötigt, um die Geschwindigkeit vor Tempobegrenzungen oder stehenden Hindernissen zu reduzieren. Für bewegliche Hindernisse wie vorausfahrende Fahrzeuge sind die Vorausschauweiten allerdings geringer, sodass Segeln mit typischen ACC-Sensoren realisiert werden kann. Der Schwerpunkt der Arbeit liegt auf dem klassischen ACC-Szenario der Annäherung an ein vorausfahrendes, langsameres Fahrzeug. Die optimalen Trajektorien werden numerisch mit einer geeigneten Optimierungsmethode berechnet.

Die vorliegenden Ergebnisse wurden im Rahmen des EU-Förderprojekts OpEneR (Optimal Energy consumption and Recovery based on a system network [5]) erarbeitet. Zwei Versuchsfahrzeuge Peugeot 3008 wurden mit je einer elektrischen Maschine an Vorder- und Hinterachse ausgerüstet. Darüber hinaus wurde ein Radarsensor für ACC eingebaut.

Formale Darstellung der Optimierungsaufgabe

Die Optimierungsaufgabe wird als Mehrzieloptimierung gestellt, bei der eine gewichtete Summe aus Kostenfunktionen für die Energie J_E und die Manöverzeit J_T minimiert wird. Mit dem Wichtungsfaktor ρ lässt sich der Schwerpunkt zwischen Energie- und Zeitminimierung verschieben, Gl. 1.

GL. 1

$$\min \rho J_E + (1 - \rho) J_T$$
$$\text{s.t.} \quad 0 = f_0(t, x, \dot{x}, v_x, \dot{v}_x, a_x)$$
$$0 = v_x(0) - v_0$$
$$0 = v_x(t_a) - v_1$$
$$0 = x(0)$$
$$0 = \Delta x_1 + x(t_a) - x_p(t_a, \Delta x_0, ...)$$
$$0 \leq t \leq t_a$$

Als Randbedingung wird ein einfaches Fahrzeugmodell f_0 für die Längsbewegung des Fahrzeugs berücksichtigt. Weitere Randbedingungen ergeben sich aus der Anfangsgeschwindigkeit v_0, der Endgeschwindigkeit v_1, die nach der Annäherungszeit t_a erreicht sein soll, und dem Initialabstand Δx_0 und dem Zielabstand Δx_1 zum vorausfahrenden Fahrzeug. Die prädizierte Trajektorie des vorausfahrenden Fahrzeugs ist durch die Funktion x_p gegeben.

Gütemaß für die Energie

Ein Elektrofahrzeug kann aktiv verzögert werden, indem man die Reibbremse betätigt und damit kinetische Energie als Wärmeenergie dissipiert oder indem man die elektrischen Maschinen als Generatoren betreibt und dabei elektrische Energie in die Batterie zurückspeist.

Als Vorstufe zur aktiven Verzögerung kann das Fahrzeug im Segelbetrieb durch die Fahrwiderstände verzögert werden. Dazu werden die Elektromotoren über schaltbare Kupplungen abgekoppelt. Es entstehen keine Energieverluste im elektrischen System, sodass der Segelbetrieb effizienter als die aktive Verzögerung durch Rekuperation ist.

Die Energiekosten werden als Summe aller Energieverluste angesetzt. Dazu zählen die Verluste aufgrund der Fahrwiderstände, die Verluste bei der Rekuperation und die Verluste durch die Nutzung der Reibbremse. Der Vollständigkeit halber werden auch die Verluste beim Vortrieb berücksichtigt, Gl. 2.

GL. 2 $\quad J_E = J_{res} + J_{recup} + J_{brake} + J_{prop}$

Gütemaß für die Zeit

Häufig sind energieoptimale Trajektorien mit einer deutlichen Verlängerung der Manöverzeit verbunden, was vom Fahrer eher negativ aufgenommen werden kann. Auch der nachfolgende Verkehr wird unter Umständen zu unsichererem Fahrverhalten verleitet [6]. Deshalb wird die Annäherungszeit t_a als zusätzliches Gütemaß verwendet, Gl. 3.

GL. 3 $\quad J_T = t_a$

Globale Optimierung mit der Dynamischen Programmierung

Die Dynamische Programmierung gemäß Bellman ist ein bekanntes Verfahren zur Optimierung dynamischer Systeme

[7], das die global optimale Lösung liefert. Die Anwendung zur Berechnung optimaler Verzögerungsprofile vor stationären Hindernissen wurde in [4] beschrieben. Ein ähnlicher Ansatz wird hier verfolgt, um das Problem Gl. 1 zu lösen.

Optimierungsergebnisse

In einem ersten Beispiel wird eine Verzögerung von 100 auf 80 km/h mit dem Initialabstand $\Delta x_0 = 80$ m und dem Zielabstand $\Delta x_1 = 40$ m betrachtet. Der Energieverbrauch wird stets für die Manöverdistanz 600 m berechnet. Falls Zielgeschwindigkeit und -abstand früher erreicht werden, fährt das Ego-Fahrzeug mit konstanter Geschwindigkeit hinter dem vorausfahrenden Fahrzeug, bis die Manöverdistanz erreicht ist. **Bild 1** stellt den Geschwindigkeitsverlauf v_x für das energieoptimale und für das zeitoptimale Manöver dar. Die energieoptimale Variante beginnt mit einer kurzen Rekuperationsphase und geht dann in eine Segelphase über. Nur mit Segeln würde man in dem Beispiel die erforderliche Abbremsung wegen des relativ geringen Abstands zum vorausfahrenden Fahrzeug nicht erreichen.

In der zeitoptimalen Variante behält das Ego-Fahrzeug zunächst die Initialgeschwindigkeit bei und bremst dann per Rekuperation und Reibbremse mit dem maximal zulässigen Wert der Verzögerung ab. Die Zielgeschwindigkeit wird deutlich früher erreicht als mit der energieoptimalen Variante.

Bild 2 zeigt die Pareto-Front, die sich bei Variation des Gewichtungsparameters ρ ergibt. Das zeitoptimale Manöver ($\rho = 0$) weist den höchsten Energieverbrauch auf, weil das Fahrzeug länger mit hoher Geschwindigkeit und damit auch hohen Fahrwiderstandskräften fährt. Außerdem wird die Reibbremse eingesetzt. Beim energieoptimalen Manöver ($\rho = 1$) ist der Zeitbedarf höher; allerdings ge-

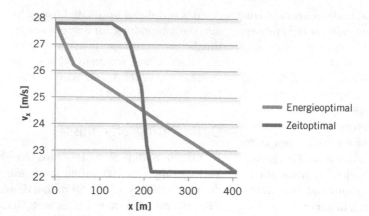

Bild 1
Geschwindigkeits-
profile für energie-
und zeitoptimale
Verzögerung

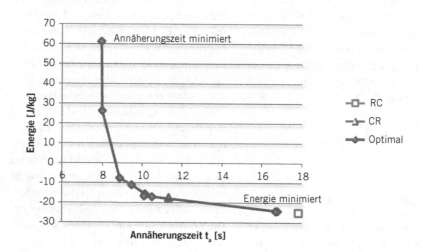

Bild 2
Energieverbrauch
bezogen auf die
Masse für eine Ver-
zögerung von 100
auf 80 km/h, Pare-
to-optimale Lösun-
gen und heuristi-
sche Strategien

winnt man Energie zurück, wie am negativen Vorzeichen auf der Energiekoordi-
nate zu erkennen ist.

Außerdem wird in **Bild 2** die optimale Lösung mit zwei heuristischen Verzöge-
rungsstrategien verglichen: RC rekuperiert zunächst und geht dann in den Segelbetrieb über. CR beginnt mit einer Segelphase und rekuperiert danach. RC
liegt sehr nahe der energieoptimalen Lösung der Pareto-Front, während CR eine
kürzere Annäherungszeit aufweist, dafür
aber mehr Energie verbraucht. Der
Grund liegt in der kürzeren Strecke, die
zurückgelegt wird, bis die Zielgeschwindigkeit erreicht wird.

Bild 3 zeigt die Manöverzeit t_a und die
Zeit t_c, die das Fahrzeug mit der konstan-
ten Zielgeschwindigkeit von 80 km/h
fährt, um die Manöverendposition zu erreichen. Bei der zeitoptimalen Strategie
ist die Annäherungszeit am geringsten.
Auf der anderen Seite ist dann die Zeit, in
der das Ego-Fahrzeug mit der Zielgeschwindigkeit hinter dem vorausfahrenden Fahrzeug fährt, größer. Mit der RC-
Strategie und der energieoptimalen Strategie schließt man langsamer zum vorausfahrenden Fahrzeug auf.

Die Gesamtzeit bis zum Erreichen der
Referenzposition berechnet sich als
Summe von t_a und t_c. Sie ist für alle Stra-

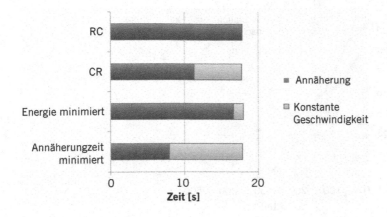

Bild 3
Annäherungszeit t_a und Zeit t_{cr} in der das Ego-Fahrzeug mit konstanter Geschwindigkeit hinter dem vorausfahrenden Fahrzeug fährt

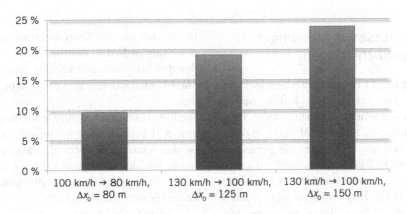

Bild 4
Einsparpotenzial der energieoptimalen Strategie im Vergleich zum Standard-ACC (simuliert)

tegien gleich, weil die Endposition und -zeit des Ego-Fahrzeugs durch das vorausfahrende Fahrzeug und den Zielabstand zu ihm bestimmt werden. Damit sind letztlich alle Strategien gleich schnell wie die zeitoptimale Strategie. Diese Aussage gilt nur, wenn Auswirkungen auf andere Verkehrsteilnehmer nicht betrachtet werden, wie zum Beispiel die geänderte Wahrscheinlichkeit eines Einschervorgangs anderer Verkehrsteilnehmer in die vorübergehend größere Lücke zum vorausfahrenden Fahrzeug. Im Vergleich zu einem simulierten Standard-ACC kann eine energieoptimale Strategie bis zu 25 % Energie einsparen, Bild 4. Das Einsparpotenzial wächst mit höherer Geschwindigkeitsdifferenz und höherer Vorausschauweite des ACC-Sensors.

Implementierung in einem Steuergerät

Die Ergebnisse der Dynamischen Programmierung zeigen, dass die optimale Strategie mit einer Rekuperationsphase beginnt. Daran schließt sich eine Segelphase an, die startet, sobald das Segeln ohne zu starke Annäherung an das vorausfahrende Fahrzeug ausgeführt werden kann. Diese Strategie kann in Form von Tabellen effizient in einem Steuergerät für Eco-ACC abgelegt werden.

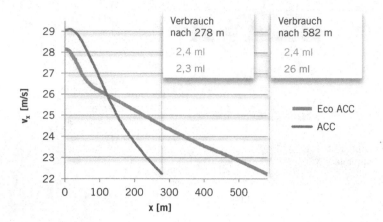

Bild 5
Gemessene Geschwindigkeitsprofile bei einem Annäherungsmanöver mit Standard- und Eco-ACC

Ergebnisse von Messungen im Versuchsfahrzeug

Ausgehend von einer Initialgeschwindigkeit von circa 100 km/h nähert man sich einem vorausfahrenden Fahrzeug, das mit 80 km/h fährt, mit aktiviertem ACC an. Bild 5 zeigt die gemessene Geschwindigkeit über dem zurückgelegten Weg mit Standard-ACC und mit Eco-ACC. Das Standard-ACC erreicht die Zielgeschwindigkeit nach einer kurzen Distanz von circa 300 m. Auf der Reststrecke von 300 m wird Energie aufgewendet, um die Fahrwiderstände bei der Zielgeschwindigkeit 80 km/h zu überwinden.

Die Rekuperationsphase und die Segelphase lassen sich beim Eco-ACC deutlich abgrenzen, Bild 5; dabei wird die kinetische Energie effizient ausgenutzt. Dagegen rekuperiert das Standard-ACC zunächst Energie und nutzt sie danach für den Vortrieb mit konstanter Geschwindigkeit.

Insgesamt ist der Kraftstoffverbrauch des Standard-ACC deutlich höher als der des Eco-ACC, das für das gesamte Manöver nahezu keinen Kraftstoff benötigt.

Die hier gezeigten Ergebnisse wurden in einem Hybridfahrzeug gemessen; dabei ist der Nutzen der optimalen Strategie höher, weil der Verbrennungsmotor nicht auf rekuperierte Energie zurückgreifen kann. Die optimalen Trajektorien sind jedoch grundsätzlich vergleichbar mit den Trajektorien für ein reines Elektrofahrzeug.

Bild 6 zeigt den für das OpEneR-Versuchsfahrzeug berechneten Energieverbrauch für die Trajektorien in ⑤. Dabei wurde die kinetische Energie im Versuch mit dem Standard-ACC um die höhere Startgeschwindigkeit korrigiert. Das Standard-ACC rekuperiert zunächst mehr Energie als die optimale Strategie, verbraucht diese Energie aber vollständig, um die Geschwindigkeit bis zu dem Punkt zu halten, bei der das Eco-ACC die Zielgeschwindigkeit erreicht. Das Eco-

Bild 6
Berechneter Energieverbrauch für die Trajektorien in Bild 5 für das OpEneR-Versuchsfahrzeug nach Korrektur auf dieselbe Initialgeschwindigkeit

	Zurückgelegte Distanz bis zum Erreichen der Zielgeschwindigkeit	Energieverbrauch nach 278 m	Energieverbrauch nach 582 m
Eco-ACC	582 m	-51,0 kJ	-51,0 kJ
Standard-ACC (höhere kinetische Energie korrigiert)	278 m	-157,4 kJ	8,1 kJ

ACC rekuperiert zwar zunächst weniger Energie, verbraucht aber in der Segelphase keine Energie, sodass die rekuperierte Energie erhalten bleibt. Nebenbei verringert sich auch die Zahl der Teilentladungszyklen der Batterie mit möglicherweise positivem Einfluss auf die Lebensdauer.

Zusammenfassung

Die Regelungsstrategien des ACC lassen sich für Hybrid- und Elektrofahrzeuge im Hinblick auf den Energieverbrauch verbessern. Das zeigt sich am Beispiel der Annäherung an ein vorausfahrendes, langsameres Fahrzeug. Ein Standard-ACC nähert sich relativ schnell an das vorausfahrende Fahrzeug an, rekuperiert dabei zwar einen hohen Energiebetrag, verbraucht aber die rekuperierte Energie für die anschließende Fahrt mit konstanter Geschwindigkeit. Ein Eco-ACC lässt sich mehr Zeit für die Annäherung; nach einer kurzen Rekuperationsphase wird ein beträchtlicher Teil des Manövers im Segelbetrieb ohne Energieverbrauch für den Vortrieb zurückgelegt. In Summe liegt der Energieverbrauch für Eco-ACC deutlich unter dem Verbrauch mit Standard-ACC.

Literaturhinweise

[1] Dornieden, B.; Junge, L.; Pascheka, P.: [] Vorausschauende energieeffiziente Fahrzeuglängsregelung. In: ATZ 114 (2012), Nr. 3, S. 230-235

[2] Jones, S.; Huss, A.; Kural, E.; Albrecht, R.; Massoner, A.; Knödler, K.: Optimal electric vehicle energy efficiency & recovery in an intelligent transportation system. Proc. 19th ITS World Congress, Wien 2012

[3] Köhler, S.; Viehl, A.; Bringmann, O.; Rosenstiel, W.: Optimized recuperation strategy for (hybrid) electric vehicles based on intelligent sensors. Proc. 12th Int. Conf. Control, Automation and Systems, Jeju Island (Korea) 2012

[4] Knoop, M.; Kern, A.: Deceleration profiles for optimal recuperation and comfort. Proc. 13th Stuttgart International Symposium Automotive and Engine Technology, Band 2, S. 85-98, Stuttgart 2013

[5] Homepage des OpEneR-Projekts: http://www.fp7-opener.eu

[6] Hülsebusch, D.; Salfeld, M.; Ponomarev, I.; Gauterin, F.: The impact of energy efficient driving strategies on rear-end safety. Proc. 16th IEEE Conf. Intelligent Transportation Systems (ITSC 2013), S. 1644-1649, Den Haag 2013

[7] Kirk, D. E.: Optimal control theory. Dover Publications, Mineola, New York 2004

DANKE

Die Autoren danken für die Förderung der vorliegenden Arbeiten im Rahmen des OpEneR-Projekts (7. Rahmenprogramm der Europäischen Kommission, FP7-2011-ICT-GC, Förderkennzeichen 285526).

Interaktives Lenkrad für eine bessere Bedienbarkeit

HEIKO RUCK | THOMAS STOTTAN

Das einzige Teil, das sowohl ständigen direkten taktilen Kontakt zum Fahrer hat als auch eine Fahraufgabe wahrnimmt, ist das Lenkrad. Es ist damit wesentlicher Bestandteil der Mensch-Maschine-Schnittstelle im Automobil. Aber die Komplexität seiner Bedienelemente stieg in den letzten Jahren durch Assistenzsysteme rapide an. Takata und Audio Mobil Elektronik entwickelten ein interaktives Kommunikations-Lenkrad mit ergonomischen Schaltern, einem Bildschirm mit Touchfunktion und einer Hands-on-Erfassung. So lassen sich die Reizüberflutung reduzieren und die Bedienbarkeit verbessern.

© Springer Fachmedien Wiesbaden 2015, W. Siebenpfeiffer (Hrsg.), *Fahrerassistenzsysteme und Effiziente Antriebe*, ATZ/MTZ-Fachbuch, DOI 10.1007/978-3-658-08161-4_1

Kommunikationsfunktionen am Lenkrad

Das Lenkrad ist ein Bauteil im Fahrzeug mit einer mehr als hundertjährigen Geschichte. Waren die ersten Jahre Lenkradentwicklung von moderaten Entwicklungsschritten geprägt, so kam es in den letzten 20 Jahren zu einer dynamischen Einführung von elektronischen Bauteilen am Lenkrad. Das Lenkrad als Schnittstelle zwischen Fahrer und Fahrzeug wird zunehmend für Kommunikationszwecke genutzt. Die Kommunikationsfunktionen am Lenkrad kann man folgendermaßen klassifizieren: Es gibt Warnfunktionen, Bedien- oder Steuerungsfunktionen sowie Sensorfunktionen und Komfortfunktionen, Bild 1.

Eine Warnfunktion am Lenkrad ist zum Beispiel der Vibrationsmotor. Vom Fahrzeug erfasste Gefahrensituationen (zum Beispiel das Verlassen der Fahrspur) werden über Vibrationen am Lenkrad an den Fahrer übermittelt. Der Multifunktionsschalter ist ein Beispiel für eine Bedienfunktion am Lenkrad. Der Fahrer ist mit dem Multifunktionsschalter in der Lage, mit verschiedenen Tasten am Lenkrad unterschiedliche Funktionen zu bedienen [1, 2].

Das Lenkrad als Kommunikationsschnittstelle zwischen Fahrer und Fahrzeug bietet sich auch für den Fall der Sensierung „Hände am Steuer" (Hands on Wheel, HOW) an, die über einen kapazitiven Sensor am Lenkradkranz bewerkstelligt wird. Eine solche Sensierung gibt die Information an das Fahrzeug (an den adaptiven Tempomat, ACC [1]), ob der Fahrer ein oder zwei Hände am Lenkrad hält oder im Staufall möglicherweise keine Hand am Lenkrad hat. Für eine klassische Komfortfunktion am Lenkrad steht die Lenkradheizung.

Kommunikation im Cockpit heute

Findet man heute auf dem Markt Lenkräder mit bis zu 24 Schaltertasten, fällt in Cockpit und Mittelkonsole auf, dass auch hier die Anzahl der Schnittstellen zum Fahrer ebenfalls exponentiell gestiegen ist. Das Fahrerumfeld hat sich in den vergangenen 30 Jahren ebenso drastisch verändert und stellt deutlich gestiegene Anforderungen an den Fahrzeuglenker dar, Bild 2.

Die Vielzahl von Merkmalen, Funktionen und Komponenten der Vernetzung bringt die kognitive Informationsverarbeitung des Fahrers an seine Grenzen. Diese These wurde in einer Reihe von empirischen Untersuchungen zur Mensch-Maschine-Schnittstelle von der National Highway Traffic Safety Administration – US Department of Transportation (NHTSA) bewertet. Dabei wurden brisante Ergebnisse erzielt. Die NHTSA ging von visueller, manueller und kog-

Warnung

Bedienung

Sensierung

Komfort

Bild 1
Die vier Kommunikationsfunktionen am Lenkrad

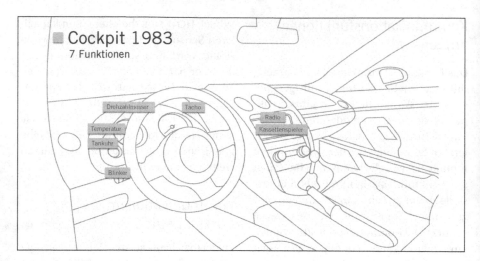

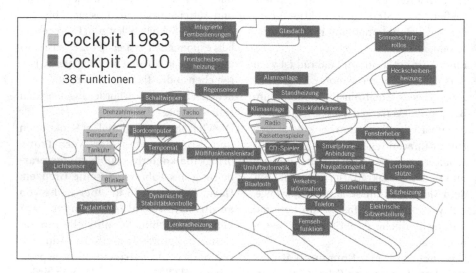

nitiver Ablenkung aus, ließ akustische Ablenkung also noch beiseite. Unter anderem wurde die Zeit gemessen, die der Fahrer während der Durchführung einer Aufgabe von der Straße wegsieht. Die Einzelblickdauer sollte 2 s nicht überschreiten, die kumulierte Gesamtablenkungszeit lag aber bei 12 s [3].

Über drei Jahre hinweg wurden in einer anderen Studie insgesamt neun Fahrzeuge getestet, von der Kompakt- bis zur oberen Mittelklasse namhafter Automobilhersteller [4]. Die Ergebnisse sind beachtenswert: Für die Eingabe eines Navigationsziels wurde eine durchschnittli-

che Aufgabenzeit – in Abhängigkeit vom OEM – zwischen 80 und 175 s benötigt (NHTSA-Ziel: 24 s). Die Augen waren dabei zwischen 46 und 78 s auf den Bildschirm gerichtet (NHTSA-Ziel: 12 s). Die Empfehlungen der NHTSA werden also bei heute aktuellen Fahrzeugen mehrfach überschritten.

Inzwischen haben sich unterschiedliche Institutionen [5, 6] immer wieder mit der Thematik „Ablenkung beim Fahren" befasst. Es wird aufgezeigt, wie gefährlich die in den Fahrzeugen verbauten Vernetzungskomponenten sind.

Die Entwicklung der letzten Jahre

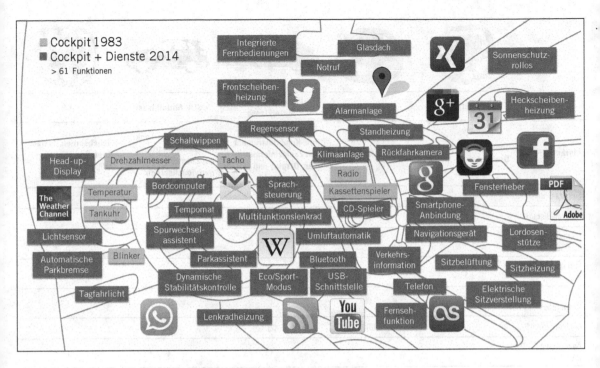

lässt Fahrzeuge aktueller Generationen immer komplexer werden und beeinflusst so die Aufmerksamkeit der Fahrer nachhaltig. Wie die Studien zeigen, werden die zukünftigen Herausforderungen, die durch die Entwicklungen beim vernetzten Fahrzeug geprägt sind, mit konventionellen Bediensystemen nicht mehr realisierbar sein.

Jeder Sitzplatz im Automobil erfordert beziehungsweise ermöglicht ein anderes Bedien-Szenario. So ist der Fahrer primär mit der Fahraufgabe betraut und hat dabei nur begrenzte Kapazitäten zum „Suchen" nach Knöpfen oder Anzeigen zur Verfügung.

Interaktives Lenkrad als Lösung

Ein Lösungsvorschlag im Hinblick auf das Thema Ablenkung kann das iCS von Takata und Audio Mobil Elektronik sein. Das Kürzel steht für „Interactive Communication Steering Wheel". Dieses innovative Konzept eines interaktiven Lenkrads bündelt alle notwendigen Eingabemög-

lichkeiten in der Schnittstelle Lenkrad, ohne die Hände vom Steuer nehmen zu müssen oder den Blick suchend über die Instrumententafel schweifen zu lassen. Ob es Informationen sind über Tempo, Kilometer- oder Tankfüllstand, Drehzahl, Durchschnittsgeschwindigkeit. Navigation, Radio- oder Klimaanlagenmenü, alles ist in das Lenkrad integriert und kann auf kürzestem Weg bedient werden. Genauso wie schon bisher die Blinkertasten, Lichtsteuerung, Scheibenwaschanlage oder andere bekannte Funktionen.

In Kooperation der beiden Unternehmen entstand das iCS-Lenkrad, welches die Schlussfolgerungen aus Forschung und Entwicklung in Bezug auf die Mensch-Maschine-Schnittstelle im Kontext zu modernen Fahrzeugen darstellt. Eines der Hauptziele der iCS-Entwicklung war es, Information und Bedienung möglichst optimal im Sicht- und Griffbereich des Fahrers zu konzentrieren, also im Lenkrad.

Neben oder zusätzlich zu den bordeigenen Systemen bediente Smartphones

Merkmal	Prototyp 2 Touchscreen, Tasten, Drehrad	Prototyp 3 Tasten, Softkeys	Limousine obere Mittelklasse Multifunktions-Lenkrad, Kombiinstrument mit Zusatzinformationen, Display und Bedienkonsole	SUV-Mittelklasse Multifunktions-Lenkrad, Kombiinstrument mit Zusatzinformationen, Touchscreen	iCS Touchscreen, Tasten, Drehräder, Softkeys, Wippen
Eingabedistanz	4	4	3	2	4
Ausgabedistanz	3	3	2	1	3
Haptisches Feedback	2	4	4	2	4
Fokussierung des Auges	1	1	3	3	1
Visuelle Gestaltung	3	4	4	3	4
(Kollaboration)*	(0)	(0)	(2)	(3)	(0)
Ausrichtung Display	1	1	4	4	1
Gruppierung/ Fragmentierung	4	4	2	2	4
Blinde Bedienung	1	2	3	2	2
Abschattung der Bedienelemente durch Bedienung	1	4	4	1	4
Konventionen und Standards	1	1	3	4	1
Direktheit	3	3	2	3	3
Personalisierbarkeit	4	4	1	1	4
Toleranz gegen Umwelteinflüsse	2	3	4	4	3
Effizienz	3	3	3	3	4
Sichtbehinderung bei Einschlag des Lenkrads	4	4	3	3	4
Gesamtpunktezahl (max. 64)	37 (37)	45 (45)	45 (47)	38 (41)	46 (46)

*Die Kollaboration bezieht sich auf die Möglichkeit, dass Beifahrer die Bedieneinheit der Mittelkonsole des Fahrzeugs ebenfalls nutzen können – dies ist bei dem rein fahrerorientierten Bedienkonzept iCS nicht möglich.

Punkteschema:
0 … widerspricht dem Merkmal in jeglicher Hinsicht
4 … entspricht dem Merkmal in jeglicher Hinsicht

Bild 3
Vergleich von zwei Prototypen und zwei Standard-Fahrerbediensystemen mit dem neuen interaktiven Lenkrad iCS

stellen ein großes Sicherheitsrisiko dar. Deren Funktionen und Bedienoberflächen erfreuen sich jedoch großer Beliebtheit. Es wäre daher wünschenswert, diese beiden Faktoren auf das Lenkrad zu übertragen und automotive-tauglich zu adaptieren.

Mit den Prototypen 1 bis 3 wurden von Audio Mobil über fünf Jahre hinweg verschiedene Displays und Schalter-Taster-Kombinationen in unterschiedlichsten Anordnungen im Simulator erprobt [7]. Gemeinsam mit dem Car-Lab (Christian-Doppler-Labor für kontextuelle Schnittstellen) an der Universität Salzburg führten Probanden zahlreiche Testfahrten durch, und so kam es Anfang 2013 zum Aufbau des ersten iCS-Systems. Die Summe der Erkenntnisse aus der Entwicklung der drei Vorstufen und des Musters waren Basis für die Entwicklung des fahrfähigen iCS-Prototyps.

In Bild 3 sind die wesentlichen Eigenschaften unter wissenschaftlicher Begleitung mit aktuellen Bediensystemen verglichen worden.

Blinker, Lichtschalter und Scheibenwischer sind beim iCS in die Speichen verlegt, was eine sehr gute Erreichbarkeit gewährleistet, Bild 4. Das Display ist vollintegriert, hat eine Touchfunktion und ist auf gleicher Höhe wie ein konventionelles Kombiinstrument positioniert. Die Seitenbereiche weisen Softkeys mit haptischem Feedback auf, eine Anzeige ist in variabler Größe möglich, die Zuordnung der Kontexttasten ist intuitiv erkennbar.

Die Reduzierung des Cockpits auf eine zentrale Anzeige- und Bedieneinheit bringt eine deutliche Verbesserung für den Fahrer und die Verkehrssicherheit mit sich. Die Hände bleiben am Lenkrad, der Blick muss nicht durch das Cockpit schweifen, Bedieneinheit und alle Anzeigen liegen benachbart. Der Blick zurück auf die Straße ist rasch möglich.

Alle Anzeigen bedeutet dabei, dass sowohl die Warn- und Informations-Icons als auch Geschwindigkeit, Navigation und Infotainment gebündelt auf einem Display dargestellt werden. Dies ist in einer dynamischen Form, abhängig von den Verkehrsbedingungen, erforderlich. Da die permanente Darstellung aller Informationen weder sinnvoll noch machbar ist, bietet das Lenkrad mehrere Modi an, die durch Betätigung der seitlich angeordneten Tasten aktiviert werden können.

Bild 4
Fahrfertiger Prototyp des interaktiven Lenkrads iCS mit vollintegriertem Display, das eine Touchfunktion hat und auf gleicher Höhe wie ein konventionelles Kombiinstrument angebracht ist

Einige Herausforderungen bringt die Zusammenführung aller Funktionen im Lenkrad mit sich: Die relative Nähe sowohl der Bedienelemente als auch der Anzeigen zum Fahrer ist vorteilhaft für die Bedienung, allerdings kann die Ablesbarkeit – besonders bei Alterssichtigkeit – darunter leiden. Dem kann durch deutliche Kontrastierung, abgestimmte Farbgebung und entsprechende Größe der grafischen Darstellung entgegengewirkt werden.

Durch Verdrehen aller Inhalte des Lenkrads bei Lenkradeinschlag wird die manuelle Bedienung etwas erschwert, das Mitdrehen der angezeigten Informationen ist zumindest gewöhnungsbedürftig. Hier hat allerdings die Untersuchung im Simulator ergeben, dass die Rotation von Displayinhalten (in diesem Fall eine numerische Anzeige) bis zu einem Winkel von maximal ±60° toleriert wird und es keinen Unterschied macht, ob sich der Inhalt dreht oder horizontal ausgerichtet bleibt. Zudem ist die Ablenkung geringer als bei einem Display in üblicher Position in der Mittelkonsole [8].

Tasten und Scrollräder haben sich als Bestandteil von Lenkrädern längst bewährt, wie auch eine Untersuchung [9] bestätigt, die zudem eine deutlich geringere visuelle Ablenkung ergab als bei Tasten in der Mittelkonsole. Erstmals konnte somit die Erkenntnis der drei Bedienwelten – Fahrerbereich, Beifahrerplatz und Rückbank – für den Fahrer mit dem iCS umgesetzt werden.

Vorteile für das Fahrzeug

Die Bündelung aller heute in der Instrumententafel üblichen Funktionen in das Lenkrad reduziert die Anzahl der Bedienkomponenten. Das führt zu einer erheblichen Kosten- und Gewichtsreduzierung. Je nach vergleichbarer Ausstattungsvariante bewegt sich das Einsparungspotenzial zwischen 15 und 35 %. Durch die Verringerung der Schnittstellen wird zudem die Integration von Smartphone-Funktionen vereinfacht, **Bild 5**.

Sicherstellung der Airbagfunktion

Einer der Punkte im Lastenheft der Entwicklung war die Sicherstellung der Airbagfunktion. Die Erweiterung der Kommunikationsschnittstelle Lenkrad darf

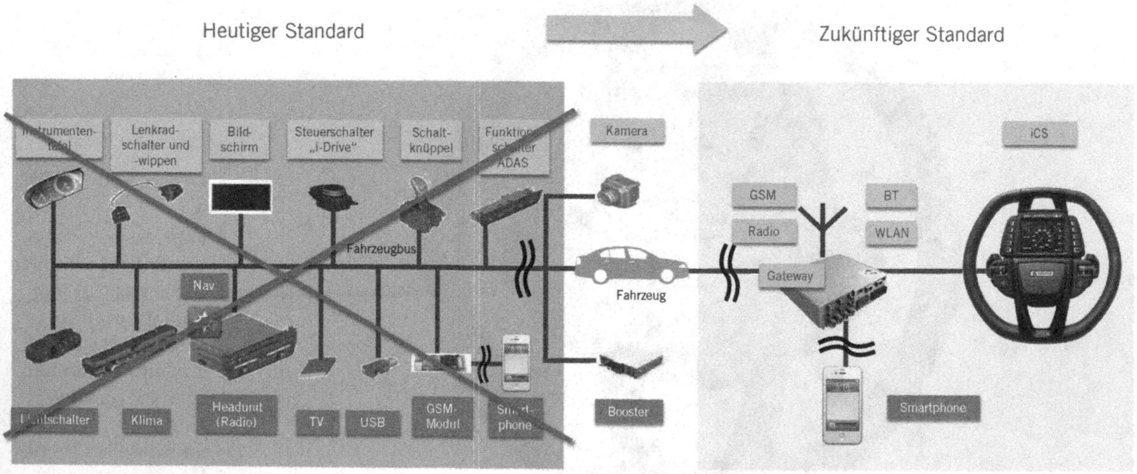

Bild 5
Reduktion der in Instrumententafel und Cockpit verteilten Einzelkomponenten (heute) durch Bündelung im Lenkrad (zukünftig)

Heutiger Standard

Zukünftiger Standard

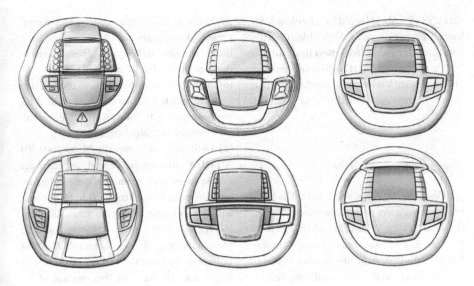

Bild 6
Designbeispiele mit zwei, aber auch drei oder vier Speichen im Lenkrad

nicht zu einer Einschränkung der Airbagfunktion führen.

Dies war in dem realisierten Prototyp nur durch Nutzung der sogenannten Vakuumfaltung möglich. Mit Vakuum gefaltete Airbags ermöglichen, das benötigte Faltvolumen für denselben Luftsack um circa 40 % zu reduzieren. Die weltweite Ersteinführung von vakuumgefalteten Fahrerairbags fand vor fünf Jahren durch Takata statt.

Designideen

In der Designfindungsphase für das interaktive Lenkrad war es für die beteiligten Unternehmen wichtig, dass alle Anforderungen aus der Sicht des Mensch-Maschine-Systems vorrangig berücksichtigt werden. Es sollte aber auch ein Lenkraddesign gefunden werden, was deutlich macht, dass es sich hier um eine neue Form der Kommunikation zwischen Fahrer und Lenkrad handelt.

Gemeinsam mit dem Designbüro Produktus Industriedesign wurde die Formgebung für das iCS entwickelt. Mit seinen zwei Speichen ist es ein Bruch mit den heute marktüblichen Drei- und Vierspeichen-Lenkrädern. Die Designbeispiele in

Bild 6 verdeutlichen aber, dass auch Drei- und Vierspeichen-Lenkräder möglich sind.

Ausblick

Das Lenkrad ist und bleibt die Mensch-Maschine-Schnittstelle zwischen Fahrer und Fahrzeug. Die Anzahl von Bedien- und Vernetzungsfunktionen ist in den letzten Jahren exponentiell im Cockpitbereich gestiegen. Die Fahrer erreichen ihre kognitiven Verarbeitungsgrenzen zwischen Straßenverkehr und Cockpit-Funktionen.

Eine Möglichkeit, dieser Überlastung des Fahrers entgegenzuwirken, ist der Ein-

DANKE

Die Autoren möchten sich bei Joseph Fellner von Audio Mobil und Andreas Hans von Takata für die Unterstützung in der Entwicklung des interaktiven Lenkrads iCS bedanken, ebenso bei Vincent Bauer von Produktus Industriedesign für die Realisierung der Ideen des Prototyps.

satz des iCS als interaktives Lenkrad. Es bietet erstmals die Möglichkeit, alles während der Fahrt bedienen und nutzen zu können, ohne die Hände vom Lenkrad zu nehmen. Visionär gedacht, könnte durch seine Verwendung das Cockpit entfallen.

Literaturhinweise

[1] Lisseman, J.; Essers, S.; Ruck, H.: The Steering Wheel: Active Safety Evolution. Vortrag, chassis tech plus, ATZlive, München, Juni 2013

[2] Timpe, K.-P.: Fahrzeugführung: Anmerkungen zum Thema. In: Jürgensohn, Th.; Timpe, K.-P. (Hrsg.): Kraftfahrzeugführung. S. 9-25, Berlin: Springer-Verlag, 2001

[3] National Highway Traffic Safety Administration – US Department of Transportation (NHTSA): Blueprint for Ending Distracted Driving. DOT HS 811 629, Juni 2012

[4] Volksfürsorge Versicherung, Autobild, ACE: HMI-Testreihe. Durchgeführt in den Jahren 2011, 2012, 2013. Fahrzeuge durch OEMs für Tests zur Verfügung gestellt

[5] Kuratorium für Verkehrssicherheit (KfV), AT: Statistik „Hauptunfallursache Ablenkung". Pressebekanntgabe am 14. November 2012, http://www.kfv.at/kfv/presse/presseaussendungen/archiv-details/artikel/3338/

[6] ADAC, DE: Ablenkung: Blindflug in den Tod. Pressebekanntgabe am 11. April 2013, http://www.adac.de/infotestrat/adac-im-einsatz/motorwelt/ablenkung.aspx

[7] Gebrauchsmusterschrift DE 20 2009 001 007 U1: Abnehmbares Lenkrad für Fahrzeuge mit Anzeige- und manuellen Bedienelementen. Audio Mobil Elektronik GmbH, Ranshofen, AT, Bekanntmachung am 9. Juli 2009

[8] Wilfinger, D.; Murer, M.; Osswald, S.; Meschtscherjakov, A.; Tscheligi, M.: The Wheels are Turning: Content Rotation on Steering Wheel Displays. In: Proceedings of the SIGCHI Conference on Human Factors in Computing Systems, 2013, S. 1809-1812

[9] Makigucchi, M.; Tokunaga, H.; Kanamori, H.: A Human Factors Study of Switches Installed on Automotive Steering Wheel. JSAE Review, Jahrgang 24, Nr. 3, Juli 2003, S. 341-346

Energieeffiziente Fahrzeug-längsführung durch V2X-Kommunikation

Dipl.-Ing. Dipl.-Wirt.-Ing. Philipp Themann | Dr.-Ing. Adrian Zlocki | Univ.-Prof. Dr.-Ing. Lutz Eckstein

Ein am Institut für Kraftfahrzeuge der RWTH Aachen (ika) entworfenes Fahreras-sistenzsystem ist in der Lage, V2X-Informationen (Vehicle-to-X) zur Optimierung der Energieeffizienz zu berücksichtigen. Durch die automatisierte Einleitung einer frühzeitigen Verzögerung vor Signalanlagen werden unnötige Stillstands-phasen vermieden, ohne dabei die Gesamtfahrzeit zu verlängern.

© Springer Fachmedien Wiesbaden 2015, W. Siebenpfeiffer (Hrsg.),
Fahrerassistenzsysteme und Effiziente Antriebe, ATZ/MTZ-Fachbuch, DOI 10.1007/978-3-658-08161-4_1

Motivation

Eine Abschwächung des globalen Klimawandels erfordert eine Reduktion der anthropogenen Treibhausgasemissionen. Weltweit zunehmend verschärfte Emissionsgrenzwerte zielen daher auf eine Reduzierung der Emissionen von Fahrzeugen ab, sodass die Steigerung der Energieeffizienz von Fahrzeugen weiter an Bedeutung gewinnt. Die Umsetzung einer antizipativen und energieeffizienten Fahrweise unter Berücksichtigung effizienter Betriebsstrategien kann den Energiebedarf eines Fahrzeugs deutlich senken [1].

Fahrer können in Schulungen und Trainings einen effizienten Fahrstil erlernen. Studien zeigen, dass dadurch zwischen 10 und 20 % Kraftstoff eingespart werden kann, wobei dieses Potenzial mit fortschreitender Zeit nach der Schulung wieder abnimmt [2]. Automatisierte Längsdynamikregelungen tragen zur Entlastung der Fahrer bei und sind in der Lage, Teile der Fahraufgabe zu übernehmen. Damit bieten Fahrerassistenzsysteme (FAS) das Potenzial, automatisiert einen energieeffizienten Fahrstil umzusetzen und dauerhaft entsprechende Einsparungen zu realisieren.

In der Literatur beschriebene Ansätze erweitern dazu herkömmliche Abstandsregeltempomaten (ACC Adaptive Cruise Control) um eine Vorausschau der künftigen Fahrstrecke. Hersteller wie beispielsweise Volkswagen und BMW stellten Systeme vor, die energieeffiziente Fahrweisen basierend auf Daten einer digitalen Karte umsetzen [3, 4]. Das von Porsche entwickelte InnoDrive-System nutzt diese digitalen Kartendaten in einem Optimierungsalgorithmus, um die Geschwindigkeit des Fahrzeugs energieeffizient an Kurven oder Geschwindigkeitsbegrenzungen anzupassen [5].

Die zunehmende Verbreitung von Fahrzeug-zu-Fahrzeug-(Vehicle-to-Vehicle, V2V)- sowie Fahrzeug-zu-Infrastruktur-(Vehicle-to-Infrastructure, V2I)-Kommunikation ermöglicht es, bislang nicht genutzte Informationen in die Fahrzeuglängsführung zu integrieren. Systeme, die diese Kommunikation nutzen, werden als kooperative Assistenzsysteme bezeichnet. Diesen Systemen stehen zur Optimierung der Energieeffizienz künftig – zusätzlich zu den bereits heute verfügbaren Daten – beispielsweise folgende Informationen zur Verfügung:

- Lichtsignalanlagen: aktueller Status, Umschaltzeit, Warteschlangenlänge etc.
- umgebende Fahrzeuge: Position, Geschwindigkeit, Beschleunigung, Route etc.
- Verkehrsnetz: Verkehrsdichten, Durchschnittsgeschwindigkeiten, Stau- sowie Parkhausinformationen etc.

Eine ganzheitliche Optimierung der Energieeffizienz durch die Umsetzung vorausschauender Fahrweisen muss neben den herkömmlichen statischen Daten beispielsweise aus einer digitalen Karte auch die dynamischen Informationen aus den Kommunikationstechniken berücksichtigen. Zielt die Optimierung der Fahrweise einzig auf die Energieeffizienz ab, so kann dies zu Fahrweisen führen, die stark vom durchschnittlichen Fahrverhalten abweichen. Die Akzeptanz der optimierten Fahrweise des Assistenzsystems muss jedoch stets gegeben sein, da die Fahrer das System ansonsten deaktivieren und mögliche Einsparpotenziale deshalb zunichtemachen. Eine Optimierung sollte folglich die Präferenzen der Fahrer berücksichtigen.

Optimierungsansatz zur Nutzung kooperativer Informationen

Am ika wurde ein Systemansatz erarbeitet, der die Energieeffizienz durch die Umsetzung einer vorausschauenden Fahrweise optimiert. Dabei werden neben statischen Informationen einer digitalen Karte auch dynamische Informationen aus V2X-Kommunikation genutzt und Fahrerpräferenzen explizit berücksichtigt. Das Assistenzsystem basiert auf einem zweistufigen Ansatz, der in **Bild 1** dargestellt ist:

- Prädiktion des durchschnittlichen Fahrerverhaltens unter Nutzung der Daten aus V2X-Kommunikation: Abschätzung, wie ein durchschnittlicher Fahrer in der vorausliegenden Verkehrssituation fahren würde.
- Optimierung der Betriebsstrategie und der Geschwindigkeitstrajektorie: Ermittlung einer energieeffizienten Fahrweise, die nur geringfügig vom durchschnittlichen Verhalten abweicht.

Die Prädiktion des Fahrverhaltens beruht dabei auf der mikroskopischen Verkehrsflusssimulation Pelops [6], die detaillierte Teilmodelle zur Abbildung der Eigenschaften des Fahrers, des Fahrzeugs sowie der Fahrumgebung nutzt. Daten einer digitalen Karte bilden die Grundlage zur Abbildung der Fahrumgebung (Beschilderungen, Kurven, Fahrspuren, Steigungen etc.) in der Simulation, **Bild 1** (1). Im nächsten Schritt können weitere Vorderfahrzeuge, die über die Umfeldsensorik erfasst werden oder deren Position durch V2V-Kommunikation bekannt ist, in die Simulationsumgebung eingefügt werden, **Bild 1** (2). Sofern weitere Informationen vorliegen, kann eine Unterscheidung verschiedener Fahrer- und Fahrzeugtypen zur Parametrierung der Modelle genutzt werden. So lässt sich beispielsweise abbilden, dass ein schweres Nutzfahrzeug ein geringeres Beschleunigungsverhalten aufweist als ein Sportwagen. Informationen aus V2I-Kommunikation von Lichtsignalanlagen über deren Status, Umschaltzeit sowie Warteschlangenlängen werden ebenfalls berücksichtigt. Sofern Verkehrsdichten, Stauinformationen oder durchschnittliche Geschwindigkeiten

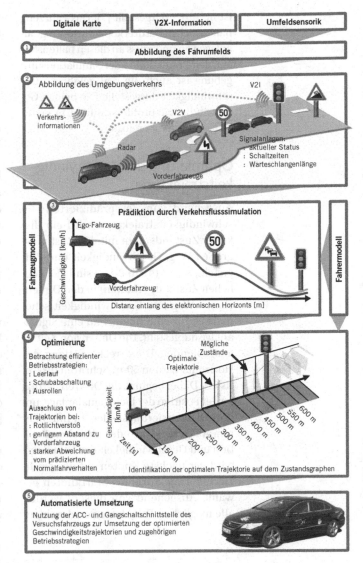

Bild 1
Systemansatz zur Optimierung

für die vorausliegende Strecke bekannt sind, fließen diese in die Parametrierung der Fahrermodelle ein.

Prädiktion des durchschnittlichen Fahrverhaltens

Die Simulation in Pelops kann anschließend ausgeführt werden und liefert die prädizierten Geschwindigkeitsprofile des eigenen Fahrzeugs sowie sämtlicher detektierter Fahrzeuge in der Umgebung, **Bild 1** (3). Ein Beispiel für ein Prädiktionsergebnis ist in Bild 2 dargestellt [7]. Das Fahrzeug nähert sich dabei drei kooperativen Signalanlagen an und muss an diesen halten. Neben den Prädiktionen der Simulationsumgebung ist auch die real gefahrene Geschwindigkeit dargestellt. Die beiden Geschwindigkeitsprofile stimmen in erster Näherung gut überein.

Optimierung der Geschwindigkeitstrajektorie

Ausgehend von der prädizierten Geschwindigkeitstrajektorie wird ein diskreter Zustandsraum mit den Zustandsgrößen Weg, Geschwindigkeit und Zeit erstellt, Bild 1 (4). In Bild 3 sind die möglichen Zustände (Knoten) in den Dimensionen Weg und Geschwindigkeit schematisch für eine Anfahrt an eine Signalanlage dargestellt. Die Dimension Zeit ist ausgeblendet. Die Strecke entlang des Horizonts wird in 50-m-Schritten diskretisiert. Dabei beginnt die Diskretisierung an der Position der Lichtsignalanlage, um dort Diskretisierungsfehler zu minimieren. Ausgehend von der aktuellen Position und Geschwindigkeit des Fahrzeugs wird der nächste Knoten auf der prädizierten Trajektorie als Startknoten gewählt. Ausgehend von diesem werden alle möglichen Fahrstrategien durchlau-

fen. Eine Fahrstrategie ist durch eine Beschleunigung des Fahrzeugs sowie den Zeit- und Kraftstoffbedarf für die Überwindung der Distanz von 50 m gekennzeichnet. Verschiedene Betriebsstrategien (zum Beispiel Segeln, Freilauf, Ausrollen etc.) können somit berücksichtigt werden.

Die Verbindung zwischen zwei Knoten wird Kante genannt. Kanten, die die Lichtsignalanlage bei Rot passieren, werden direkt ausgeschlossen. Große Abweichungen zur prädizierten Normalfahrweise werden ebenfalls ausgeschlossen, um die Fahrerakzeptanz zu sichern. Aus einer Gewichtung zwischen Energieeffizienz und der Abweichung von der Normalfahrweise kann für jede Kante ein sogenanntes Kantengewicht errechnet werden. Dieses drückt die Vorteilhaftigkeit der Kante, zum Beispiel die Energieeffizienz, aus. Ein Gewichtungsfaktor ermöglicht es dabei, dass die Fahrer das Systemverhalten beeinflussen und an individuelle Präferenzen anpassen können [8].

Alle Knoten und Kanten bilden einen gerichteten Graphen. Auf diesem können effiziente Suchalgorithmen (zum Beispiel der Dijkstra Algorithmus) angewendet werden, um die – hinsichtlich des gewählten Gewichtungsfaktors – optimale

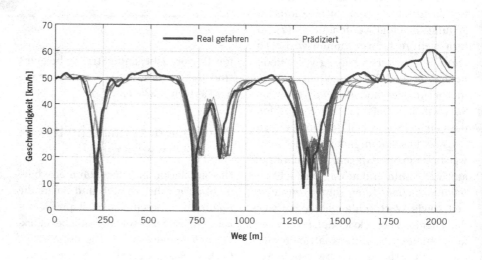

Bild 2
Vergleich zwischen prädiziertem und real gefahrenem Geschwindigkeitsprofil [7]

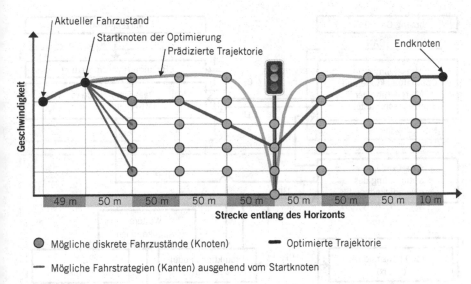

Bild 3
Schematische Darstellung der Aufstellung des Zustandsgraphen

Trajektorie zu identifizieren. Für eine 1,5 km lange Strecke mit einer Signalanlage ergibt sich beispielsweise ein Graph mit 861.163 Kanten und 78.427 Knoten. Die Prädiktion sowie die Optimierung dieser Situation benötigen dabei insgesamt 986 ms, sodass das Optimierungsergebnis ausreichend schnell zur Verfügung steht.

Prototypische Umsetzung des Systems

Das Assistenzsystem wird auf dem ika-Versuchsträger VW Passat CC des Instituts umgesetzt. Die genutzte Systemarchitektur ist in Bild 4 dargestellt. Zur Sicherstellung einer echtzeitfähigen Umsetzung werden die einzelnen Komponenten in der jeweils am besten geeigneten Umgebung realisiert. Die Optimierung nutzt beispielsweise performante C++-Bibliotheken, und das Java OSGi-Framework erlaubt die einfache Verknüpfung zur digitalen Karte und zur Kommunikation.

Die Optimierungsergebnisse werden über die ACC-Schnittstelle des Fahrzeugs umgesetzt. Der Fahrer wird durch eine Displayausgabe über die Restsignaldauer informiert, Bild 1 (5).

Validierung des Systems und Bewertung der Akzeptanz

Im südlichen Stadtgebiet von Aachen sind vier Kreuzungen mit einem V2X-Router ausgerüstet, Bild 5. Das Assistenzsystem wird auf diesem Streckenabschnitt getestet. Probanden aus verschiedenen Ländern beurteilen die Akzeptanz sowie die Nützlichkeit des Systems positiv.

In Realfahrten kann ein Kraftstoffeinsparpotenzial bei der Annäherung an die Kreuzungen nachgewiesen werden. Das Assistenzsystem identifiziert Fahrstrategien, die ein Stoppen an der Lichtsignalanlage häufig vermeiden, was allerings stark von der Signalschaltzeit der Anlage abhängig ist. Um den Einfluss der Signalschaltzeit systematisch bewerten zu können, werden Simulationen durchgeführt und die Signalschaltzeit bis zum Umschalten von Rot auf Grün der Anlage variiert. Für den Versuchsträger Passat CC ergibt sich ein durchschnittliches Einsparpotenzial von etwa 6 % bei der Anfahrt an eine Lichtsignalanlage, Bild 6. In einigen Situationen kann das System durch die Vermeidung eines Stillstands an der Kreuzung bis zu 15 % Kraftstoff einsparen, ohne dabei die Reisezeit deutlich zu steigern [9].

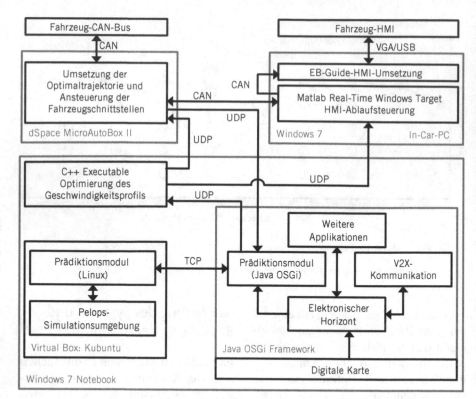

Bild 4
Systemarchitektur des Assistenzsystems

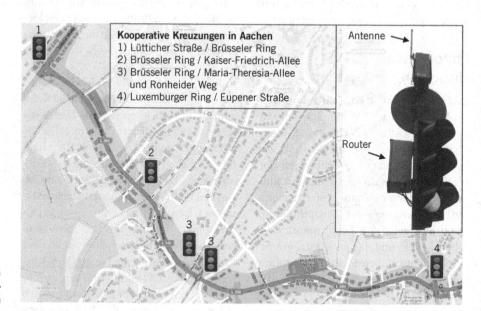

Bild 5
Kooperative Kreuzungen in Aachen

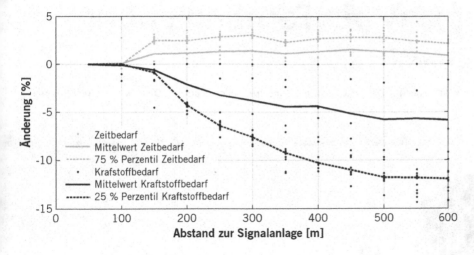

Bild 6
Relative Änderung des Kraftstoff- und Zeitbedarfs [%] bezogen auf den simulierten Referenzfahrer für verschiedene Abstände zwischen Fahrzeug und Lichtsignalanlage sowie verschiedene Signalschaltzeiten [9]

Zusammenfassung und Ausblick

Das entworfene Assistenzsystem ist in der Lage, V2X-Informationen zur Optimierung der Energieeffizienz explizit zu berücksichtigen. Im Stadtverkehr beurteilen Probanden besonders die Vermeidung von Stillstandsphasen an Signalanlagen positiv. Dort kann das System den Energiebedarf des Fahrzeugs komfortabel durch eine frühzeitige Verzögerungseinleitung senken, ohne dabei die Gesamtfahrzeit zu erhöhen.

In weiteren groß angelegten Probandenstudien werden das Einsparpotenzial sowie die Akzeptanz des Systems detaillierter untersucht. Die vorhandene Teststrecke mit V2X-Kommunikation wird künftig zur Entwicklung kooperativer Assistenzsysteme genutzt und weiter ausgebaut.

Literaturhinweise

[1] Barkenbus, J. N.: Eco-driving: An overlooked climate change initiating. Energy Policy, 2010

[2] Wahlberg, A. E.: Long-term effects of training in economical driving: Fuel consumption, accidents, driver acceleration behavior and technical feedback. International Journal of Industrial Ergonomics, 2007

[3] Dornieden, B.; Junge, L.; Pascheka, P.: Vorausschauende energieeffiziente Fahrzeuglängsregelung. In: ATZ 114 (2012), Nr. 3, S. 230–235

[4] Pudenz, K.: Vorausschauendes Fahren: Bei BMW lernt der Antrieb sehen. Springer für Professionals, 30. Oktober 2012

[5] Roth, M.; Radke, T.; Lederer, M.: Porsche InnoDrive – An innovative approach for the future of driving. Aachener Kolloquium Fahrzeug und Motorentechnik, Aachen, 2011

[6] www.pelops.de

[7] Themann, P.; Kuck, D.; Loewenau, J.: Kooperative Fahrerassistenz zur Steigerung der Energieeffizienz – Systemkonzept, HMI-Gestaltung und Einsparpotenziale. Aachener Kolloquium Fahrzeug und Motorentechnik, Aachen, 2013

[8] Themann, P.; Bock, J.; Eckstein, L.: Optimization of energy efficiency based on average driving behaviour and driver's preferences for automated driving. IET Intelligent Transport Systems, März 2014

[9] Themann, P.; Krajewski, R.; Eckstein, L.: Discrete dynamic optimization in automated driving systems to improve energy efficiency in cooperative networks. IEEE Intelligent Vehicles Symposium, Dearborn, USA, Juni 2014

Lang-Lkw per Fernbedienung rangieren

Dipl.-Ing. Olrik Weinmann | Dr. Franz Bitzer | Dipl.-Ing. Nicolas Boos | Dipl.-Ing. Michael Burkhart

Wie aus der Vernetzung bestehender Getriebe-, Lenk- und Telematiksysteme eine völlig neue Lkw-Assistenzfunktion entsteht, zeigt der ZF-Innovationstruck. Sein Fahrer kann zum Rangieren, etwa an der Laderampe, aussteigen und den Lastzug einfach per Tablet-App dirigieren. Und das lokal emissionsfrei.

© Springer Fachmedien Wiesbaden 2015, W. Siebenpfeiffer (Hrsg.),
Fahrerassistenzsysteme und Effiziente Antriebe, ATZ/MTZ-Fachbuch, DOI 10.1007/978-3-658-08161-4_1

Ausgangssituation

Die Anforderungen an den Gütertransport sind in den vergangenen Jahrzehnten kontinuierlich gestiegen. In der produzierenden Industrie haben sich Just-in-time- und Just-in-sequence-Anlieferungen etabliert, die Flexibilität, Schnelligkeit und Zuverlässigkeit erfordern. Ähnlich hohe Ansprüche erwachsen aus dem Trend zum E-Commerce, der den Transportbedarf zusätzlich wachsen lässt. In beiden Fällen zählen Lkw zu den geeignetsten Verkehrsmitteln, um die Logistikansprüche zu erfüllen.

Demgegenüber stehen ein zunehmend überlastetes Straßennetz sowie wachsende Fahrzeuganforderungen in puncto Sicherheit, Umweltschutz und CO_2-Reduktion. Unter dem Sicherheitsaspekt setzt die Nfz-Industrie daher verstärkt auf Assistenzsysteme, wie sie aus dem Pkw bekannt sind: beispielsweise ESP sowie Totwinkel-, Brems- und Spurhalteassistenten. Umweltfreundlicher werden die Fahrzeuge durch effizientere Motoren und die im Zuge der Euro-VI-Norm eingeführten Abgasreinigungskomponenten. Zusätzliches Kraftstoff-Sparpotenzial sieht der Zulieferer ZF im Hybridantrieb – auch bei schweren Lkw im Fernverkehr. Einen Lösungsansatz, um parallel zu Umweltbelastung und Logistikkosten das Verkehrsaufkommen zu reduzieren, stellen die kontrovers diskutierten Eurocombis dar: Lang-Lkw mit rund 25 m Länge. Nachteilig wirkt sich dabei jedoch der Umstand aus, dass diese Kombinationen erheblich schwieriger zu rangieren sind. Der Fahrer muss vom Fahrersitz aus die Übersicht über das lange Gespann behalten und gleichzeitig einzig über das Lenken der Vorderräder des Zugfahrzeugs die Bewegung des hinteren Anhängers zentimetergenau steuern – das heißt, die zwei Knickwinkel von Auflieger und Anhänger koordinieren. Dabei verschwindet Letzterer beim Reversieren immer wieder aus dem Sichtfeld, da er vom Auflieger verdeckt wird. Insgesamt ergibt sich daraus eine Komplexität, die die Fahrer in vielen Fällen überfordert.

Unabhängig von der Art des Lkws setzen Fuhrparkbetreiber angesichts des wachsenden Zeit- und Kostendrucks in der Logistik auf Telematik-Anwendungen, mit denen sich die Flotte besser steuern und überwachen lässt. Diese schaffen auch neue Lösungen für das Be- und Entladen der Lkw an der Rampe, das die ZF-Zukunftsstudie Fernfahrer [1] als eines der größten Problemfelder innerhalb der Branche identifiziert hat. Denn dort entstehen immer öfter unkalkulierbare, zu lange Wartezeiten. Diese erschweren es, Termine einzuhalten und die gesetzlichen Vorgaben hinsichtlich Lenk-, Arbeits- und Ruhezeiten zu erfüllen. Auch entstehen beim Reversieren an der Rampe oft teure Fahrzeugschäden – eine tägliche Problematik auf den Betriebshöfen.

Vor dem Hintergrund dieser Entwicklungen hat ZF eine Fahrzeugstudie, den sogenannten Innovationstruck, realisiert. Der Gesamtzug – inklusive Auflieger und Tandem-Achsanhänger 25,25 m lang – verfügt über einen Hybridantrieb sowie allen voran über ein innovatives Assistenzsystem: Zum einfachen und präzisen Rangieren lässt er sich ferngesteuert per Tablet-PC manövrieren. Dann fährt er zudem rein elektrisch, das heißt lokal emissionsfrei, was unter anderem in Hallen Vorteile bringt. Der Rangierassistent kann aber nicht nur bei Eurocombis sondern auch bei konventionellen Lkw mit Anhänger oder Sattelzügen eingesetzt werden.

Die Systemkomponenten

Für die Umsetzung der Konzeptidee, die insbesondere das Chaosfeld Rampe entschärfen soll, griffen der Technikkonzern ZF Friedrichshafen AG, Openmatics s.r.o. und die ZF Lenksysteme GmbH auf jeweils intern vorhandene Komponenten

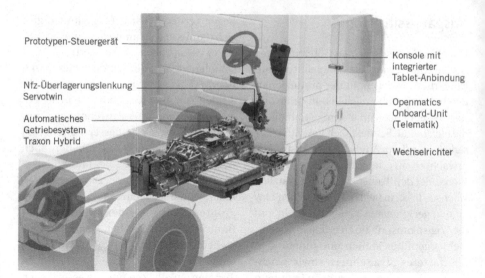

Prototypen-Steuergerät

Nfz-Überlagerungslenkung
Servotwin

Automatisches
Getriebesystem
Traxon Hybrid

Konsole mit
integrierter
Tablet-Anbindung

Openmatics
Onboard-Unit
(Telematik)

Wechselrichter

Bild 1
Systemkomponen-
ten des Innovati-
onstrucks

und Techniken für Lenkung, Antrieb und Telematik zurück, die teilweise bereits heute in verschiedenen Serien-Lkw Anwendung finden. Konkret enthält der komplett in Eigenregie entwickelte Innovationstruck folgende Systembausteine, **Bild 1:**

Antriebsseitig ist das automatische Getriebesystem Traxon [2] in der Variante Traxon Hybrid, **Bild 2**, verbaut. In der Kupplungsglocke befindet sich eine elektrische Maschine, die 120 kW Leistung und 1000 Nm Drehmoment bereitstellt. Die Anbindung an das Fahrzeug erfolgt über einen SAE1-Anschluss. Für die Gangwechsel des Traxon-Getriebes ist eine Trockenkupplung in das Hybridmodul integriert. Das ermöglicht alle Hybridfunktionalitäten: die Rekuperation, das Boosten, eine Start-Stopp-Funktion sowie rein elektrisches Rangieren. Die für das Parallel-Hybridsystem benötigte Hochvoltbatterie verfügt über einen Energieinhalt von 4 kWh. Somit lassen sich mit einer Batterieladung mehrere elektrische Rangiermanöver ausführen.

Ein weiteres Systemelement bildet die Nfz-Überlagerungslenkung Servotwin, **Bild 3**. Ihr Serienaufbau entspricht einer Zweikreislenkung mit getrennter Ener-

gieversorgung: Zusätzlich zur verbrennungsmotorisch angetriebenen Hydraulikpumpe, die die Hauptleistung liefert, ist ein Elektromotor verbaut, der über ein Schneckengetriebe mit der Lenksäule verbunden ist. Dieser macht aktive Lenkeingriffe – etwa für Assistenzfunktionen wie den automatischen Seitenwindausgleich – eine geschwindigkeitsabhängige Lenkkraftunterstützung sowie einen aktiven Rücklauf nach Kurvenfahrten möglich. Bereits in dieser Konfiguration lassen sich autonome Lenkmanöver ohne Fahrereingriff am Lenkrad umsetzen, wie sie für die ferngesteuerte Rangierfunktion im Innovationstruck erforderlich sind. Um das zusätzliche Entwicklungsziel – das emissionsfreie Rangieren – zu erreichen, wurde für die Fahrzeugstudie eine neue Hydraulikeinheit entwickelt. Diese ist als rein elektrohydraulische Lösung (Electrohydraulic Power Steering – EHPS) umgesetzt: Anstatt des Dieselaggregats treiben nun – in Form eines Prototypensystems – zwei Servo-twin-Powerpacks die modifizierte Pumpe mit einer Gesamtleistung von circa 3,2 kW an.

Darüber hinaus kommt im Innovationstruck die Telematikanwendung

Bild 2
Bei Traxon Hybrid ist eine elektrische Maschine mit 120 kW Leistung als Antriebsmodul vor das automatische Getriebesystem für schwere Lkw geschaltet

Openmatics zum Einsatz – zusammengesetzt aus der OnBoard Unit Bach, Sensorik zur Datenerfassung und spezieller Software. Um einerseits die beiden Knickwinkel von Auflieger und Zentralachsanhänger für die Lenkungssteuerung sowie die Relativposition des Fahrers beziehungsweise Tablets zum Gespann kabellos erfassen zu können, nutzte ZF jeweils unterschiedliche Bluetooth-Low-Energy (BLE)-Tags: Dabei handelt es sich um anwendungsspezifisch konfigurierbare Funkchips mit geringem Energiebedarf und rund 25 m Reichweite. Im Innovationstruck sind sie an der Rückseite der Fahrerkabine sowie an jeder Ecke von Auflieger und Zentralachsanhänger platziert. Dadurch lässt sich der jeweilige Abstand zu den BLE-Tags oder zum Tablet als Feldstärkenänderung erfassen und von der Onboard Unit beziehungsweise dem Tablet aufbereiten, Bild 4.

Um die Fahrzeugumgebung auf dem Tablet-Bildschirm zu visualisieren, wurden optische Kameras außen entlang des Lastzugs angebracht. Diese übertragen die Bildinformationen per WLAN-Router direkt auf das mobile Endgerät. Des Weiteren dient das Openmatics-System im

Bild 3
Das Lenksystem Servotwin realisiert die gewünschte Lenkbewegung im Innovationstruck – um den rein elektrischen Betrieb zu ermöglichen, wird sie in diesem Fall mit einer elektrohydraulischen Prototypenlösung (EHPS) versorgt

Innovationstruck dazu, die Fahrzeugdaten auf dem Tablet-Bildschirm zu visualisieren. So ist etwa der Ladezustand der Hybridbatterie für den Fahrer abrufbar. Die Onboard Unit bezieht die Informationen dafür von den Steuergeräten im Fahrzeug und überträgt diese ebenfalls über den WLAN-Router verschlüsselt und drahtlos an das Tablet. Für diese Openmatics-Anwendungen wurde ein eigenes Websocket-Interface program-

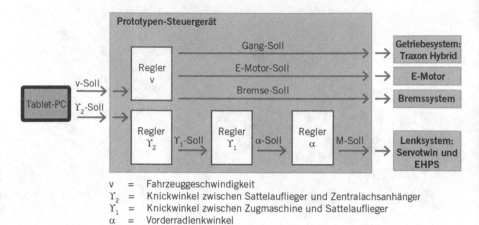

Bild 4
Vernetzung und Kontrolle der Einzelsysteme durch das Prototypen-Steuergerät

miert. Mittels einer neu ins Lkw-Cockpit integrierten Schnittstelle lässt sich das handelsübliche Tablet auch als Anzeigeinstrument während der Fahrt nutzen.

Der Rangierassistent

Der Mehrwert der ferngesteuerten Rangierfunktion im Innovationstruck erwächst primär aus der intelligenten Vernetzung, Kombination und Steuerung der beschriebenen Einzelsysteme. Diese Funktion wird im Innovationstruck durch ein Prototypen-Steuergerät in Form einer dSpace-Microautobox II umgesetzt, die das Herz des Rangierassistenten bildet. Sie übernimmt die automatische Regelung von Lenkradwinkel und Fahrgeschwindigkeit und steuert die einzelnen Aktuatoren an. Diese sind ebenso wie die Sensoren per CAN-Bus an das Prototypen-Steuergerät angebunden. Die Vorgaben für das ferngesteuerte Rangieren erfolgen mittels einer eigens entwickelten Anwendung (App) über den Touchscreen des Tablet-PCs, der über Bluetooth an das Prototypen-Steuergerät angebunden ist.
Die Rangier-App, **Bild 5**, stellt Zugfahrzeug, Auflieger und Anhänger auf dem Tablet-Bildschirm skizziert von oben dar. Gleichzeitig zeigt die Anwendung die Fahrstufen des Automatikgetriebes an. Um den Innovationstruck ferngesteuert vorwärts oder rückwärts zu bewegen, wählt der Bediener zunächst die entsprechende Fahrstufe und Geschwindigkeit aus. Anschließend muss er nur noch den Finger am Bildschirm auf die Lkw-Front, auf das Zugfahrzeug oder den hinteren Anhänger halten und der Lastzug fährt los. Gelenkt wird, indem man das Zugfahrzeug oder den Anhänger in die jeweilige Richtung verschiebt. Sobald der Finger vom Bildschirm abgehoben wird, stoppt das Fahrzeug automatisch. Das Umgebungsbild der Kameras blendet die Elektronik auf dem Tablet abhängig von der Fahrerposition ein: Angezeigt ist dort immer jener Bereich um den Lkw, den der Lenker von seinem aktuellen Standort aus nicht direkt einsehen kann.
Eine große Herausforderung bei der Arbeit am Rangierassistenten war die Tatsache, dass das reale Fahrzeug für die Funktionsentwicklung noch nicht zur Verfügung stand. Deshalb wurde dafür anfangs ein Fahrsimulator genutzt. Um die physikalischen Zusammenhänge besser verstehen zu können, wurde damit zunächst das manuelle Fahren erprobt. So ließen sich später die Funktionen des Rangierassistenten bis hin zur Rangier-

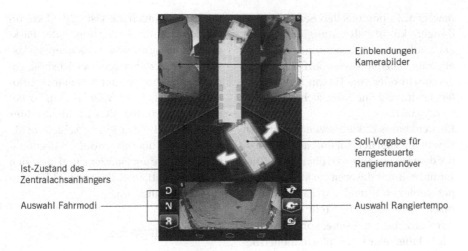

Einblendungen
Kamerabilder

Soll-Vorgabe für
ferngesteuerte
Rangiermanöver

Ist-Zustand des
Zentralachsanhängers

Auswahl Fahrmodi

Auswahl Rangiertempo

Bild 5
Die Funktionen der
Rangier-App auf
dem Tablet-PC

App schrittweise entwickeln. Deren Inbetriebnahme im Innovationsträger erwies sich schließlich als vergleichsweise einfach, da der am Simulator entstandene Rangierassistent schon einen hohen Reifegrad aufwies. Kalkuliert wird der passende Servo-twin-Lenkwinkel am Zugfahrzeug auf Basis eines Kaskaden-Berechnungsmodells: Zugfahrzeug und Auflieger sowie Auflieger und Anhänger werden dabei wie zwei separate Gespanne behandelt, deren Soll-Knickwinkel nacheinander eingeregelt werden. So kann das System den jeweils aktuellen Ist-Lenkwinkel an der Vorderachse kontinuierlich an den Soll-Einschlag anpassen, den der Fahrer von außen via Fingerbewegung auf der Tablet-App anfordert. Auch bei allen Ankuppelvorgängen – ob von Auflieger oder Anhänger – kommen die Vorteile dieser Assistenzfunktionen zum Tragen.

Beim ferngesteuerten Rangieren, das aus Sicherheitserwägungen auf Schrittgeschwindigkeit limitiert ist, bietet das Hybridsystem neben dem lokal emissionsfreien Fahren einen Zusatznutzen. Im Vergleich zum Verbrennungsaggregat, mit dem der Rangierassistent ebenfalls realisiert werden kann, lässt sich die Kriechgeschwindigkeit des Lang-Lkw

noch deutlich einregeln: Bei der E-Maschine gibt es nämlich keine Leerlaufdrehzahl. Dadurch lässt sich eine E-Maschine auch bei kleinen Drehzahlen sehr feinfühlig dosieren.

Fazit, Anwendungen und Ausblick

Der ZF-Innovationstruck wurde ausgehend von aktuellen Trends und Anforderungen im Straßengütertransport realisiert – insbesondere dessen ferngesteuerte Rangierfunktion. Sie basiert auf der intelligenten Vernetzung von – teils modifizierten – Serienkomponenten und kommt Fahrern ebenso wie Logistikprozessen zugute: Der Bediener erhält mehr Übersicht und damit die Möglichkeit, einfach und schnell zu rangieren. Denn er kann – beispielsweise zum präzisen Anfahren von Laderampen – dabei beliebig seine Position wechseln und auf dem Tablet-Bildschirm die Fahrzeugumgebung komplett einsehen. Die insbesondere bei Lang-Lkw mit zwei Knickwinkeln komplexen Lenkprozesse werden vom Rangierassistenten übernommen und durch die Servotwin eingeregelt. Traxon Hybrid ermöglicht es indessen, das Fahrzeug lokal emissionsfrei und geräuscharm zu bewegen. In potenziellen Serienanwendungen könnte der Rangierassistent auch auf einem der Komponenten-Steuergeräte, beispielsweise auf jenem der Servotwin oder von Traxon Hybrid laufen, wodurch keine zusätzliche ECU notwendig wäre.

Ein denkbares Zukunftsszenario ist, den Lkw bereits bei der Ankunft am Betriebshof dem Disponenten zu übergeben. Dieser übernimmt das weitere Manövrieren per Tablet, während der Fahrer Pause macht. Die Telematik stellt dann nicht nur fahrzeugspezifische, sondern auch alle ladungsrelevanten Informationen bereit: BLE-Tags auf den Gütern übermitteln etwa Gewicht, Temperatur oder andere relevante Spezifika wie die Positionserkennung des Ladeguts auf Trailer und Anhänger. Auch in diesem Modell der App-Fernsteuerung bleibt die Fahrzeugkontrolle letztlich bewusst den Menschen überlassen. Technisch bereits umsetzbar wäre auch die Vision, die Lkw am Betriebshof ihre Laderampe oder Parkposition völlig autonom ansteuern zu lassen. Weil Letzteres aber Betriebshöfe voraussetzt, die zuvor mit hohen Investitionen und großem Aufwand darauf vorbereitet wurden, hat sich ZF für die hier vorgestellte Innovation entschieden: Sie funktioniert überall, erfordert Modifikationen alleine am Fahrzeug und lässt sich somit wesentlich einfacher und kostengünstiger realisieren.

Literaturhinweise

[1] Lohre, D.; Bernecker T.; Stock W.: ZF-Zukunftsstudie Fernfahrer. Heilbronn, Institut für Nachhaltigkeit in Verkehr und Logistik, Hochschule Heilbronn, 2012

[2] Härdtle, W.; Rüchardt, C.; Demmerer, S.; Mors A.: Das modulare Getriebesystem Traxon. In: ATZ 115 (2013), Nr. 5, S. 376-380

Datensicherheit im vernetzten Lkw

Dipl.-Ing. Helmut Visel | Sabrina Winkelmann

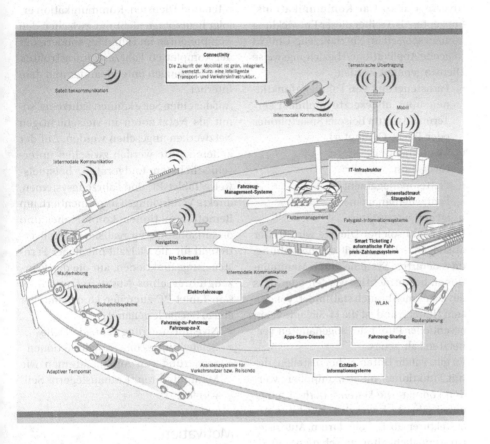

Automobile Systeme bestehen aus komplexen, verteilten Strukturen mit einer Vielzahl von elektronischen Steuergeräten. Die lokale, fahrzeugseitige Vernetzung der Komponenten tritt hier zunehmend in den Hintergrund. Denn heute ist eine wachsende Tendenz in Richtung globaler Vernetzung zu verzeichnen. Speziell im Nutzfahrzeugumfeld werden diverse Applikationen eingesetzt, beispielsweise Echtzeit-Informationssysteme für Verkehrs- und Wettersituationen. Parallel zur steigenden Anzahl dieser Dienste wächst allerdings das Bedrohungspotenzial. IT-Sicherheit wird deswegen zu einem wichtigen Faktor im vernetzten Lkw. Am Beispiel einer Fernsteuerung von Fahrzeugfunktionen zeigt Bertrandt mögliche Konzepte, um Datensicherheit in Systeme zu integrieren.

© Springer Fachmedien Wiesbaden 2015, W. Siebenpfeiffer (Hrsg.),
Fahrerassistenzsysteme und Effiziente Antriebe, ATZ/MTZ-Fachbuch, DOI 10.1007/978-3-658-08161-4_1

Hintergrund

Fahrzeugsysteme kommunizieren mit ihrer Umgebung über verschiedene Schnittstellen der gängigen Infrastrukturen für Datenkommunikation, wie GSM, GPRS, UMTS, WLAN, Bluetooth oder auch über diverse Car-to-Car-Kommunikationskonzepte. Als Treiber dieser Entwicklung können speziell im Nutzfahrzeug-Umfeld folgende Applikationen beziehungsweise Dienste genannt werden:

- Fernsteuerung von Fahrzeugfunktionen über abgesetzte mobile User-Terminals (zum Beispiel Smartphones oder Tablet-Computer)
- Mauterhebung
- Navigation
- Flottenmanagement
- Fahrzeugmanagement
- Sicherheitssysteme.

Die Anzahl solcher Dienste wird weiter ansteigen – und damit die Bedrohung, dass derartige Systeme durch Manipulationen beeinträchtigt werden oder dass ein Datenmissbrauch stattfindet. Vor diesem Hintergrund ist die IT-Sicherheit ein essentieller Punkt des sogenannten vernetzten Fahrzeugs.

Es gilt, valide Daten sicherzustellen, damit Funktionen nicht manipuliert werden können. Die Datensicherheit hängt dabei sehr stark von den gewählten Architekturen ab. Es geht darum, Autorisierungsmöglichkeiten zu schaffen und Sicherheitselemente für die Interaktion zwischen Fahrer, Geräten und Fahrzeug zu implementieren, um Schad-Software oder Viren abzuwenden. Gleichzeitig muss der Aufwand für Wartbarkeit durch den Endbetreiber (zum Beispiel den Speditionsbetrieb) in einem vernünftigen Maß gehalten werden.

Integration von Fahrzeugen in globale IT-Infrastrukturen

Zum Leistungsbereich Automotive-Connectivity gehört die Vernetzung des Fahrzeugs mit seiner Umwelt ebenso wie die nahtlose Integration von mobilen Endgeräten und Diensten. Kommunikation erfolgt heutzutage nicht nur zwischen den Komponenten im Fahrzeug, sondern mit der kompletten Fahrzeug-infrastruktur, den Fahrzeugen untereinander und dem Internet.

Auf der einen Seite können Fahrzeuge somit als Netzknoten in vielschichtigen Netzwerken angesehen werden. Auf der anderen Seite werden zwischen unterschiedlichsten Endgeräten, beispielsweise Tablet-PC und Fahrzeugsystemen, direkte Verbindungen implementiert, um Remote-Funktionen komfortabel und ortsunabhängig zu realisieren. Stellvertretend für die Vielzahl möglicher Fernsteuerungsfunktionen, auf die der Fahrzeugführer eines Nutzfahrzeugs über sein Tablet-PC zugreifen kann, sind hier einige Beispiele genannt:

- Niveauregulierung der Ladefläche
- Beleuchtungs- und Signalfunktionen
- Steuerung von Anbausystemen wie Manipulatoren, Kranauslegern, Seilwinden.

Motivation: Warum IT-Sicherheit?

Erfahrungen haben gezeigt, dass neue Informationstechniken auch immer der steigenden Gefahr durch Angriffe mit erheblichem kriminellem Energiepotenzial ausgesetzt sind. Hacker versuchen, in neue Systeme einzudringen, deren Funktionsweisen zu beeinflussen, sowie unerlaubt Daten abzugreifen. Durch derartige Eingriffe steigt die Gefahr von Fehlfunktionen. Ist eine sicherheitsrelevante Komponente oder Software-Funktion betroffen, können im schlimmsten Fall Menschen zu Schaden kommen. Aber auch generell kann eine Fehlfunktion einen Imageverlust sowie signifikante finanzielle Einbußen bedeuten, da die Systeme sicherheitstechnisch nachgerüstet werden müssen.

Lösungsansätze

Neben einer sicheren Funkverbindung zwischen Bedienterminal und Fahrzeug ist eine sichere Datenverbindung notwendig. Erstere wird durch eine WLAN-Verbindung nach dem Standard IEEE 802.11 unter Verwendung von WPA2 dargestellt. Zweitere wird als VPN alternativ unter Verwendung von IPsec oder Open-VPN realisiert. IPsec ist in zahlreichen RFCs dokumentiert und stellt einen internationalen Standard dar, der aus einer Erweiterung des klassischen Internetprotokolls hervorgeht. Bei OpenVPN handelt es sich um eine unter GNU GPL frei verfügbare Open-Source-Software.

Auf Basis des OSI-Modells lassen sich die beiden Alternativansätze über OpenVPN beziehungsweise IPsec wie folgt darstellen: Die obersten drei Schichten des OSI-Modells sind bei beiden Ansätzen der Anwendung zugeordnet und werden hier nicht weiter betrachtet. Erwähnt werden muss allerdings, dass die Applikationen entsprechend den Anforderungen der funktionalen Sicherheit nach den Standards ISO 26262 beziehungsweise IEC 61508 zu entwickeln sind.

Unterhalb der Anwendungsebene folgt die VPN-Technik OpenVPN, **Bild 1**. Mittels TLS gewährleistet OpenVPN eine sichere Kommunikation. TLS fügt eine zusätzliche Schicht zwischen der Transport-ebene und der Anwendung ein. ① macht deutlich, dass diese zusätzliche Schicht aus fünf Teilprotokollen besteht. Das klassische Internetprotokoll ist in Schicht 3 angesiedelt, **Bild 2**. Wahlweise kann in dieser Schicht unter Einsatz von IPsec ebenfalls ein VPN realisiert werden. In Schicht 4 werden über das Transportprotokoll UDP die Schlüssel ausgetauscht. Die beiden untersten Schichten sind sowohl beim OpenVPN-Ansatz als auch beim IPsec-Ansatz dem WLAN zugeordnet. Auf der untersten Schicht, der Physical Layer, erfolgt die Übertragung der Informationen auf dem physikalischen Medium.

WLAN im Fokus

Das WLAN stellt einen hohen Risikofaktor für eine mögliche Kompromittierung der Verbindung zwischen Nutzfahrzeug und

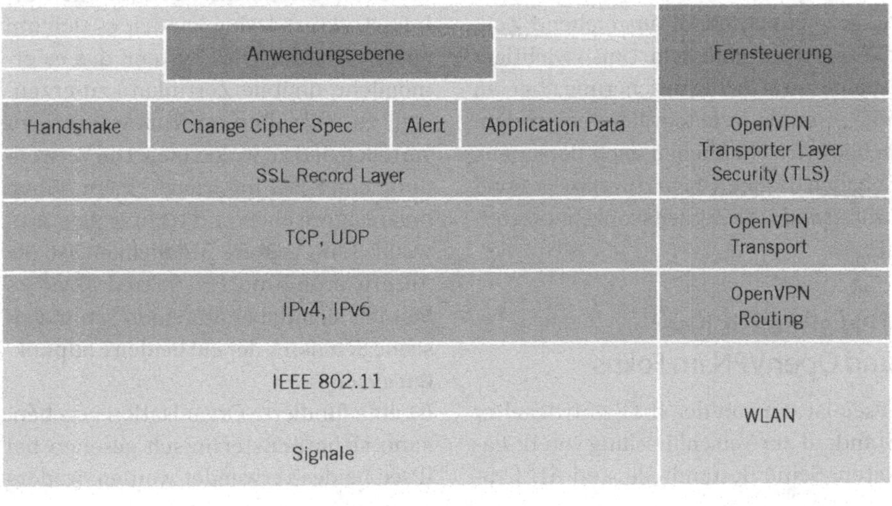

				Fernsteuerung
Anwendungsebene				
Handshake	Change Cipher Spec	Alert	Application Data	OpenVPN Transporter Layer Security (TLS)
SSL Record Layer				
TCP, UDP				OpenVPN Transport
IPv4, IPv6				OpenVPN Routing
IEEE 802.11				WLAN
Signale				

Bild 1
WLAN und Open-VPN im OSI-Modell (Erläuterungen der Abkürzungen siehe Bild 4)

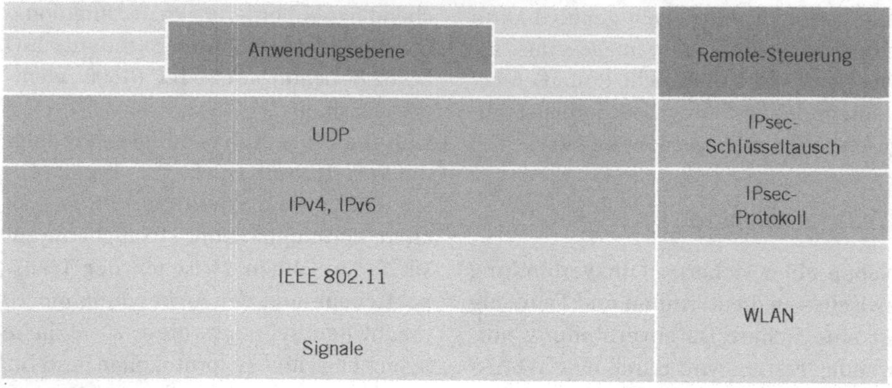

Anwendungsebene	Remote-Steuerung
UDP	IPsec-Schlüsseltausch
IPv4, IPv6	IPsec-Protokoll
IEEE 802.11	WLAN
Signale	

Bild 2
WLAN und IPsec im OSI-Modell

Client dar. Sobald ein Access Point (AP) seine SSID durch Aussenden seiner Beacon Frames bekannt gibt, kann sich jeder mit dem AP verbinden. Dies könnte auch unterbunden werden, indem am AP das Aussenden der SSID verhindert wird. Dieses Vorgehen bietet jedoch keinen ausreichenden Schutz, da ein potenzieller Angreifer die SSID mit entsprechenden Werkzeugen trotz allem detektieren kann.

Um dem hohen Schutzbedarf gerecht zu werden, wird eine Absicherung mittels WPA2 empfohlen. Aber auch ein durch WPA2 abgesichertes WLAN birgt Gefahren. Problematisch ist der WPA2-Handshake. Er ermöglicht einem Angreifer, einen Handshake während des Verbindungsaufbaus aufzuzeichnen und diesen zu entschlüsseln. Wurde ein Handshake aufgezeichnet, bleibt ausreichend Zeit, diesen zu entschlüsseln. Umso wichtiger ist eine zusätzliche Absicherung über ein VPN. Gerade in einem Bereich, in dem neben wirtschaftlichen auch personelle Schäden drohen, ist ein zuverlässiges und umfassendes Sicherheitskonzept essentiell.

VPN auf Basis IPsec und OpenVPN im Fokus

IPsec ist ein von der IETF entwickelter Standard zur Verschlüsselung von IP-Paketen. Seine Bestandteile sind AH (Authentication Header) und ESP (Encapsulating Security Payload). Eng verbunden mit IPsec ist IKE (Internet Key Exchange) – ein zusätzliches Protokoll, das für den Schlüsselaustausch und das Management von Sicherheitsassoziationen verantwortlich ist. OpenVPN hingegen ist eine freie Software unter der GNU GPL.

Die generellen Schutzziele eines VPN lassen sich mit Authentizität, Vertraulichkeit und Integrität beschreiben.

Authentizität

Der sichere Betrieb eines VPNs ist abhängig von einer guten Authentifizierung. Diese kann mittels Zertifikaten oder Pre-Shared Keys erfolgen. Zertifikate erfordern den Aufbau einer PKI (Public-Key-Infrastruktur). Dabei handelt es sich um ein kryptografisches System, das es ermöglicht, digitale Zertifikate zu erzeugen, zu verwalten, aufzubewahren, zu verteilen und zu widerrufen. Die Verwendung einer PKI unterliegt einem hohen organisatorischen und technischen Aufwand. Eine weitere Möglichkeit ist die Autorisierung mit Pre-Shared Keys. Es handelt sich dabei um einen symmetrischen Schlüssel, der auf beiden Endpunkten gleich ist.

Ist eine fundierte Organisation gegeben, kann sicherheitstechnisch gesehen bei IPsec beides verwendet werden. Anders als bei IPsec handelt es sich bei dem Pre-Shared Key von OpenVPN um einen statischen Schlüssel, mit dem die Daten verschlüsselt werden. Ein Verbindungsaufbau mit Handshake, um geheime Sitzungsschlüssel zu generieren, findet nicht statt. Die Daten werden also konsequent mit demselben Schlüssel kodiert. Daher ist sicherheitstechnisch von diesem Modus abzuraten. Werden Pre-Shared Keys verwendet, so sollte es pro Fahrzeug einen Schlüssel geben. Diejenigen Clients, die mit mehreren Fahrzeugen kommunizieren, erhalten in diesem Fall mehrere Konfigurationen zugewiesen, **Bild 3**.

Sollte Client 1 kompromittiert werden, so muss die Konfiguration nur auf den Fahrzeugen 1 und 2 geändert werden. Eine andere Möglichkeit wäre, den Schlüssel an den Client zu binden. Da der Key jedoch mehreren Fahrzeugen zugeordnet ist, müssten auch bei dieser Betrachtung mehrere Steuergeräte geändert werden. Eine Konfiguration pro Fahrzeug hat den Vorteil, dass weitere Clients hinzugefügt werden können, ohne die Konfiguration am Fahrzeug zu ändern. Wird ein Client kompromittiert, müssen die Pre-Shared Keys auf allen kommunizierenden Endgeräten ausgetauscht werden. Bei einem Steuergerät lässt sich diese Änderung unter Umständen nur am Diagnosegerät einer Fachwerkstatt durchführen. Von diesem Aspekt aus betrachtet sind Zertifikate vorteilhafter. Hier bekommt jedes Gerät ein persönliches Zertifikat. Muss ein Zertifikat gesperrt werden, erfolgt dies mittels einer Zertifikatssperrliste, die allen Geräten mitgeteilt werden muss.

Vertraulichkeit

Vertraulichkeit steht für den Schutz der vertraulichen Informationen vor unberechtigter Kenntnisnahme. Die eigentliche Verschlüsselung findet symmetrisch

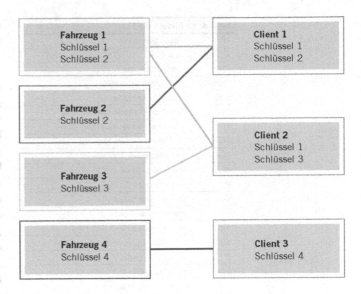

statt. Beide Kommunikationspartner haben einen identischen Schlüssel, der zuvor dynamisch berechnet wurde und in regelmäßigen Abständen erneuert wird. Das Brechen eines einzelnen Sitzungsschlüssels liefert nur Zugang zu den Daten der betroffenen Nachricht, nicht aber zu anderen Nachrichten oder Schlüsseln. Dies wird erreicht, indem Sitzungsschlüssel regelmäßig erneuert werden und einzelne Schlüssel nicht voneinander abgeleitet sein dürfen.

Integrität

Die Integrität der Daten wird bei beiden Techniken mit Hash-Funktionen sichergestellt. Das Prinzip basiert auf dem Mitsenden von Kontrollinformationen, mit denen ein Empfänger die Unverfälschtheit einer Nachricht kontrolliert. Die Informationen werden mittels eines mathematischen Algorithmus aus einer Nachricht erzeugt.

Fazit

Um sicherheitsrelevante Fernsteuerungsfunktionen zu schützen, bedarf es eines

Bild 3
Konfigurations-Mapping zwischen Fahrzeugen und Endgeräten (Clients)

Legende für Bilder 1 bis 3	
AH	Authentication Header
AP	Access Point
ECU	Electronic Control Unit
GNU GPL	GNU General Public License
GPRS	General Packet Radio Service
GSM	Global System for Mobile Communications
IEC	International Electrotechnical Commission
IEEE	Institute of Electrical and Electronics Engineers
IETF	Internet Engineering Task Force
IKE	Internet Key Exchange
IP	Internet Protocol
IPsec	Internet Protocol Security
IPv4	Internet Protocol Version 4
IPv6	Internet Protocol Version 6
ISO	International Organisation for Standardisation
IT	Information Technology
MAC	Media Access Control
OEM	Original Equipment Manufacturer
OSI	Open Systems Interconnection
PC	Personal Computer
PFS	Perfect Forward Secrecy
PKI	Public Key Infrastructure
RFC	Requests for Comments
SSID	Service Set Identifier
SSL	Secure Sockets Layer
TCP	Transmission Control Protocol
TLS	Transport Layer Security
UDP	User Datagram Protocol
UMTS	Universal Mobile Telecommunications System
VPN	Virtual Private Network
WLAN	Wireless Local Area Network
WPA2	Wi-Fi Protected Access 2

Bild 4
Erläuterungen der
Abkürzungen

mehrstufigen Sicherheitskonzepts. WLAN mit WPA2 auf unterster Ebene allein ist nicht ausreichend. Zusätzlich ist eine VPN-Struktur mit entsprechenden Sicherheits-mechanismen vorzusehen. Nur so kann ein ausreichender Schutz vor böswilligen Angriffen gewährleistet werden.

Im Rahmen einer Testimplementierung von IPsec und OpenVPN wurden beide Konzepte miteinander verglichen. Die Schutzziele eines VPN werden von IPsec und OpenVPN gleichermaßen erreicht. Beim Performancetest hat OpenVPN et-was schlechter abgeschnitten. Das liegt am größeren Overhead und am zeitlich anspruchsvolleren Verbindungsaufbau. Im Gegensatz dazu ist IPsec deutlich komplexer. Es müssen eine größere An-zahl an Hürden bewältigt werden, bis zwei Systeme miteinander kommunizie-ren können. Bei IPsec handelt es sich um einen Standard, der von Experten in zahl-reichen RFCs dokumentiert ist. Dieser Sachverhalt vereinfacht die Entwicklung einer VPN-Technik für ein Automotive-Steuergerät.

Projekt Proreta 3 – Sicherheit und Automation mit Assistenzsystemen

Dipl.-Psych. Stephan Cieler | Prof. Dr.-Ing. Ulrich Konigorski |
Dr.-Ing. Stefan Lüke | Prof. Dr. rer. nat. Hermann Winner

Zum Abschluss des Forschungsprojekts Proreta 3 stellen die langjährigen Projektpartner Continental und TU Darmstadt eine nächste Evolutionsstufe der Fahrerassistenz vor. Einige bisherige Einzelfunktionen werden zu einem umfassenden Assistenzsystem zusammengelegt. Mit Sicherheitskorridor und kooperativer Automation plant das System die Fahrmanöver und hilft in kritischen Situationen. Die Funktion dieser Evolutionsstufe wurde erfolgreich mit einem Forschungsfahrzeug demonstriert.

© Springer Fachmedien Wiesbaden 2015, W. Siebenpfeiffer (Hrsg.),
Fahrerassistenzsysteme und Effiziente Antriebe, ATZ/MTZ-Fachbuch, DOI 10.1007/978-3-658-08161-4_1

Weg mit dem Prinzip „Ein System für eine Fahrsituation"

Heutige in Serie implementierte Fahrerassistenzsysteme unterstützen den Fahrer typischerweise nach dem Prinzip „Ein System für eine Fahrsituation". Zu den Beispielen zählen Querführungsassistenten wie Spurhalteassistent oder Spurverlassenswarnung, der Totwinkelassistent, die adaptive Geschwindigkeitsregelung (ACC) und andere mehr. Allen diesen Funktionen gemein ist ihre Spezialisierung auf eine konkrete Situation, in der dem Fahrer zusätzlicher Komfort geboten wird oder aus der sich erfahrungsgemäß ein statistisch relevantes Unfallgeschehen entwickeln kann. Außerhalb dieser speziellen Fahrsituationen bleiben die Assistenzsysteme dagegen passiv. Sie arbeiten damit weitgehend entkoppelt [1].

Das Forschungsprojekt Proreta 3 entwickelt seit April 2011 einen ganzheitlichen Ansatz mit einer umfassenden Planung des nutzbaren Freiraums für die Fahrzeugtrajektorie. Beteiligt sind die Continental-Divisionen Chassis & Safety und Interior sowie seitens der TU Darmstadt das Institut für Arbeitswissenschaft (IAD), das Fachgebiet Fahrzeugtechnik (FZD) sowie die Fachgebiete Regelungstechnik und Mechatronik (RTM) und Regelungsmethoden und Robotik (RMR).

Im Projektverlauf wurden umfassende Ansätze zur Umfeldbeschreibung, Trajektorien- und Manöverplanung und -regelung sowie zur Mensch-Maschine-Schnittstelle (MMS oder HMI für Human Machine Interface) implementiert. Dazu wurde ein Freiraummodell entwickelt, auf dessen Basis das System permanent einen sicheren und für das Fahrzeug erreichbaren Fahrkorridor ermittelt. Der Ansatz extrahiert die für das Fahrzeug befahrbaren Freiräume und beschreibt sie in einer kompakten, auf Splines basie-

renden Darstellung. Auf dieser Basis und unter Einbeziehung der prädizierten Aufenthaltsbereiche anderer Fahrzeuge, der Fahrbahnbegrenzungen sowie der Fahrstreifenmarkierungen wird anschließend in einem auf einem Potenzialfeld basierenden Optimierungsalgorithmus eine Trajektorie berechnet. Die auf diese Trajektorie aufsetzende Regelung sowie deren Visualisierung im frei programmierbaren Kombiinstrument (FPK) stellen ein für den Fahrer konsistentes Fahrerassistenzsystem dar, das den Mensch am Steuer bei der Bewältigung seiner Fahraufgabe unterstützt und ihn vor potenziellen Gefahren schützt.

Proreta 3 ist bereits das dritte interdisziplinäre Forschungsprojekt, an dem die TU Darmstadt und Continental gemeinsam arbeiten: Bei Proreta 1 (2002 bis 2006) ging es um ein Assistenzkonzept für Notbremsungen und Notausweichen vor einem Hindernis. Im Verlauf von Proreta 2 (2006 bis 2009) wurde ein Gegenverkehrsassistent vorgestellt, der Unfälle bei Überholmanövern auf Landstraßen verhindern kann.

Architektur und Funktionsansatz

Die Architektur von Proreta 3 beruht auf modular aufgebauten und funktional gekapselten Softwarebausteinen, um die Erweiterbarkeit zu erhöhen. Kern der Architektur stellen zwei hierarchisch aufeinander aufbauende Planungsmodule dar, wobei eine Trennung zwischen übergeordneter Verhaltensplanung sowie der resultierenden Verhaltensausführung (Trajektorienplaner) erfolgt. So wird die Umsetzung einer automatisierten Fahrzeugführung erleichtert, da auch kontextabhängige Informationen aus der Umgebungsrepräsentation, wie sie etwa zur Einhaltung von Verkehrsregeln und die Manöverplanung notwendig sind, effektiv verarbeitet werden können [2]. Mit seiner Logik unterstützt das Proreta-3-System den Fahrer in zwei Umfängen: mit der Grundfunktion „Sicherheitskorridor" und mit der Funktion „kooperative Automation".

Als erstes besteht die ständig aktive Grundfunktion darin, das Fahrzeug in einem verkehrsregelkonformen und sicheren Fahrkorridor zu halten (Safety Corridor Mode). Dabei wird die geplante Trajektorie zur Laufzeit ständig hinsichtlich der Erreichung eines fahrdynamischen Grenzwerts (in diesem Fall einer notwendigen resultierenden Fahrzeugbeschleunigung zur Vermeidung einer kritischen Situation) untersucht. Sobald diese Schwelle unter Berücksichtigung der Eigenbewegungs- und Fremdverkehrsprädiktion überschritten wird, reagiert das System adaptiv und warnt zunächst den Fahrer. Bei weiter steigender Notwendigkeit für eine Korrektur wird in die Längs- und Querdynamik eingegriffen. Solange das Fahrzeug im sicheren Fahrkorridor bleibt, verhält sich das System unauffällig. Im Unterschied zu vielen heutigen Fahrerassistenzfunktionen ist das integrale Proreta-3-System nicht auf spezielle Szenarien festgelegt. Das Grundprinzip lautet folglich „ein Modell für viele Funktionen". Natürlich hängt der Funktions- und Einsatzbereich von der zur Verfügung stehenden maschinellen Wahrnehmung ab, insbesondere deren Reichweite und Genauigkeit. Innerhalb dieser Grenzen wird eine einheitliche Funktionsphilosophie durchgehalten.

Zusätzlich zur permanenten Grundfunktion kann zweitens der Fahrer die sogenannte kooperative Automation aktivieren. Damit ist eine manöverbasierte Fahrzeugführung gemeint, bei der das System die Längs- und Quersteuerung eines vom Fahrer beauftragten Manövers übernimmt. Im Zuge des Forschungsprojekts wurden unter anderem die Manöver „Abbiegen" an Verkehrsknoten und „Fahrstreifenwechsel" realisiert. Um beispielsweise das Abbiegen zu delegieren, genügt es, wenn der Fahrer in einem bestimmten Distanzfenster vor einer erkannten Kreuzung den Fahrtrichtungsanzeiger setzt, um die automatisierte Manöverausführung zu initiieren. Im Unterschied zum automatisierten Fahren entscheidet der Fahrer selbst über die Bahnführung des Fahrzeugs und kann somit auch auf unvorhergesehene Ereignisse wie etwa einen blockierten Fahrstreifen situationsgerecht reagieren. Da die Manöverbeauftragung weiterhin Aufgabe des Fahrers ist, um das gewünschte Fahrziel zu erreichen, bleibt der Fahrer automatisch ein Teil der Regelschleife, womit die Überwachungsaufgabe des Fahrers erleichtert wird.

Diese klar definierte Aufgabenteilung zwischen Fahrer und Automation unterscheidet sich demnach von dem sogenannten H Mode („Horse Mode") [3], der ein Konzept einer Fahrer-Fahrzeug-Schnittstelle mit variablem Automationsgrad – von assistiertem bis zum hochautomatisierten Fahren – beschreibt. Eine Parallele besteht dagegen zwischen dem Proreta-3-Fahrerassistenzsystem und dem sogenannten Conduct-by-Wire-Prinzip [4]. Dort wird eine kooperative Fahrzeugführung mit ähnlicher Delegation von Fahrmanövern durch den Fahrer vorgeschlagen, um die Herausforderungen der Arbitrierung zu vermeiden und den Fahrer mit seinen spezifischen Stärken in der Analyse komplexer Verkehrssituationen „in the Loop" zu halten.

Mensch-Maschine-Schnittstelle

Bei jeder Ausprägung des assistierten und automatisierten Fahrens ist es für die Akzeptanz der Funktion wichtig, den Fahrer über den aktuellen Systemmodus zu informieren. Vertrauen in die Technik schöpft der Nutzer nur dann, wenn die MMS den Rollenwechsel vom aktiven Bediener zum Überwacher eindeutig beglei-

Bild 1
Abstrahierte Darstellung des Sicherheitskorridors im Kombiinstrument als Safety Bubble – die rot markierte Eindellung im weißen Oval weist auf eine Gefahrenstelle hin

tet und für Transparenz in der Aufgabenverteilung zwischen Fahrzeug und Maschine sorgt. Dabei gilt es, die unterschiedlichen Informationsbedürfnisse des Fahrers je nach seiner aktuellen Rolle zu berücksichtigen.

Um beispielsweise den Sicherheitskorridor bei Proreta 3 verständlich und eindeutig zu visualisieren, wurde ein multimodales MMS-System für Informatio-

nen, Warnungen und Handlungsaufforderungen konzipiert:

- Im Kombiinstrument visualisiert eine innovative und auf das Wesentliche reduzierte Darstellung, die sogenannte Safety Bubble, den Sicherheitskorridor um das Fahrzeug, Bild 1.
- Ein rundum im Fahrzeuginnenraum integriertes LED-Lichtband sowie räumlich gerichtete Warnklänge lenken bei Bedarf die Fahreraufmerksamkeit intuitiv in die Richtung, in der sich eine potenzielle Gefahr befindet, Bild 2, [10]. Um nicht unnötige und störende Warnungen auszugeben, ermittelt eine Infrarotkamera laufend die Blickrichtung des Fahrers.
- Über das aktive Gaspedal (Accelerator Force Feedback Pedal, AFFP) können dem Fahrer haptische Rückmeldungen gegeben werden. Hinweise wie „Gas weg" lassen sich damit diskret und wirksam vermitteln, weil dieser sensorische Kanal in der Fahrzeug-MMS bisher kaum belegt ist und zudem sehr schnell verarbeitet wird.

Repräsentation der Umgebung und modellbasierte Trajektorienplanung

Der eingangs beschriebene Grundgedanke von Proreta 3 besteht darin, das Fahrzeug durch Quer- und Längseingriffe permanent aus Gefahrenzonen herauszuhalten. Die hierzu benötigte Trajektorienplanung verwendet Umgebungsinformationen in Form von klassifizierten statischen und dynamischen Objekten sowie Fahrbahnmarkierungen.

Da speziell in Innenstädten keine ausschließlich auf Fahrstreifenmarkierungen basierende Trajektorienplanung möglich ist, wird mit Proreta 3 zusätzlich eine Modellierung des Freiraums um das Fahrzeug genutzt. Eine B-Splinekurve in Verbindung mit geo-

Bild 2
Rotes LED-Lichtband zur Lenkung der Aufmerksamkeit des Fahrers

metrischen Primitiven dient dazu, den erreichbaren Fahrraum/Ausweichraum innerhalb statischer Umgebungsstrukturen in Form einer Freiraumkarte zu beschreiben [5, 6], Bild 3 und Bild 4. Diese wird aus einer Gitter-Darstellung abgeleitet, die selbst zunächst für den Umgang mit dynamischen Fahrumgebungen angepasst wurde [7]. Die Freirauminformationen lassen sich auf ein Gefährdungs-Potenzialfeld abbilden, wie es beispielhaft im Titelbild dieses Beitrags zu sehen ist. Somit entsteht das Gefährdungsminimum im Minimum des Potenzialfelds.

Im Fall der „kooperativen Automation" wird das so generierte Potenzialfeld auf Basis der sich aus den Manöverwünschen ergebenden Fahrfunktionen [8] variiert, sodass auch diese implizit im Potenzialfeld enthalten sind.

Für die Planung der Trajektorie innerhalb des Potenzialfelds wird das Prinzip der modellprädiktiven Regelung verwendet. Das hierzu benötigte zu minimierende Kostenfunktional enthält einerseits das Potenzialfeld und andererseits einen energieoptimalen Anteil. Des Weiteren werden Lenkradwinkel und Lenkradwinkelgeschwindigkeit beschränkt und ein nichtlineares Einspurmodell verwendet. Das resultierende nichtlineare modellprädiktive Regelungsproblem wird mithilfe eines echtzeitfähigen Ansatzes gelöst [1, 9].

Sensorintegration in das Forschungsfahrzeug

Der beschriebene Fahrassistent wurde mit den Methoden der Closed-Loop-Mehrkörpersimulation vorentwickelt und in ein Forschungsfahrzeug integriert. Als Datengrundlage für die Umgebungsrepräsentation und Trajektorienplanung dienen Umgebungssensoren auf dem Stand der jeweils kommenden Seriengeneration, Bild 5:

Bild 3
Durch B-Splinekurve beschriebener, für das Forschungsfahrzeug erreichbarer Freiraum [6]

■ Die installierte Stereokamera liefert ein räumliches Abbild der Verkehrssituation vor dem Fahrzeug. Sie erfasst Fahrbahnmarkierungen und Verkehrszeichen ebenso wie Objekte.

■ Das Fernbereichsradar (77 GHz) hinter dem vorderen Stoßfänger dient ebenfalls der Objekterkennung sowie der Entfernungsbestimmung. Durch Fusion mit dem Kamerasignal steigt die Robustheit der Erkennung.

Bild 4
Freiraumkarte in exemplarischer Fahrszene

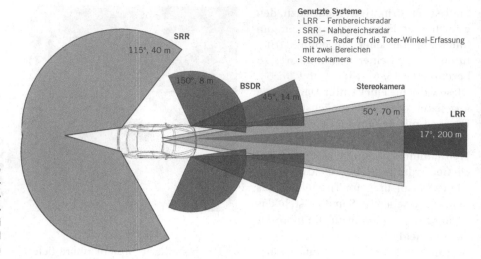

Genutzte Systeme
: LRR – Fernbereichsradar
: SRR – Nahbereichsradar
: BSDR – Radar für die Toter-Winkel-Erfassung
  mit zwei Bereichen
: Stereokamera

SRR
115°, 40 m

150°, 8 m

BSDR
45°, 14 m

Stereokamera
50°, 70 m

LRR
17°, 200 m

Bild 5
Schematische Darstellung der integrierten Umgebungssensorik mit drei Radarsystemen und einer Stereokamera

Bild 6
Erprobung von Gefahrensituationen: Warnung vor dem Nichtbeachten der Rotphase einer Lichtsignalanlage

Bild 7
Das Proreta-3-Forschungsfahrzeug bei einer Notbremsung vor einem Hindernis auf dem August-Euler-Flugfeldgelände der TU Darmstadt als Erprobungskurs

- Vier Sensoren (Nahbereichsradar und Radar für die Toter-Winkel-Erfassung, 24 GHz) detektieren den Bereich neben und hinter dem Wagen.

Erste Fahrergebnisse

Auf einem Erprobungskurs in Griesheim nahe Darmstadt wurde das Forschungsfahrzeug in sieben ausgewählten Gefahrensituationen erprobt: in Hindernissituationen mit und ohne Ablenkung des Fahrers, bei überhöhter Geschwindigkeit vor einer Kurve, in einer engen Baustellengasse, bei drohender „Geisterfahrt" sowie Nichtbeachten der Rotphase einer Lichtsignalanlage, Bild 6. In jeder der Testsituationen gelang es dem Proreta-3-System, den Fahrer situationsadäquat durch Eingriffe in die Längs- und Querdynamik zu unterstützen.

Bild 7 zeigt das Fahrzeug beim automatisierten Bremseingriff vor einem Hindernis. In dieser Situation hängt die Warn- und Eingriffskaskade von der Richtung der Fahreraufmerksamkeit ab. Im Rahmen des Projekts konnte erstmals die Umsetzung einer kooperativen Automation – einschließlich der Bewältigung von Verkehrsknotenpunkten – in einem realen Versuchsträger umgesetzt und untersucht wurden.

Fazit und Ausblick

Proreta 3 stellt ein prototypisches systemtechnisches Grundkonzept für eine unfallfreie Längs- und Querführung bereit. Gegenüber den vorrangig auf Objekterkennung basierten Assistenzfunktionen erkennt das Proreta-3-System zusätzlich befahrbare Freiräume. Mit diesem integralen Ansatz für eine Längs- und Querführungsassistenz wird die Vision des unfallfreien Fahrens („Vision Zero") auf eine breitere Grundlage gestellt.

Gemäß der Straßenverkehrsordnung wird hier das Gebot an den Fahrer, Vorsicht und Rücksicht zu üben, unterstützt. Auf dem Erprobungskurs hat sich das integrale Assistenzkonzept als wirksam erwiesen. In Verbindung mit Navigationskarten und weiter entwickelten Radarsensoren mit größerem Öffnungswinkel ist in einigen Jahren auch eine Kreuzungsunterstützung realistisch.

Literaturhinweise

[1] Bauer, E. et al.: Proreta 3: An Integrated Approach to Collision Avoidance and Vehicle Automation. In: Automatisierungstechnik 60 (2012), Nr. 12, S. 755-765

[2] Lotz, F.: System Architectures for Automated Vehicle Guidance Concepts. In: Maurer, M.; Winner, H.: Automotive Systems Engineering. Springer-Verlag, Heidelberg, 2013

[3] Flemisch, O. et al.: The H-Metaphor as a Guideline for Vehicle Automation and Interaction. Nasa (Hrsg.), 2003, Nasa/TM-2003-212672

[4] Geyer, S. et al.: Development of a Cooperative System Behavior for a Highly Automated Vehicle Guidance Concept based on the Conduct-by-Wire Principle. Tagungsband, IEEE Intelligent Vehicles Symposium (IV). Baden-Baden, 5. bis 9. Juni 2011

[5] Schreier, M.; Willert, V.: Robust Free Space Detection in Occupancy Grid Maps by Methods of Image Analysis and Dynamic B-Spline Contour Tracking. Tagungsband, IEEE International Conference on Intelligent Transportation Systems, Anchorage, Alaska, USA, 16. bis 19.September 2012

[6] Schreier, M.; Willert, V.; Adamy, J.: From Grid Maps to Parametric Free Space Maps – A Highly Compact, Generic Environment Representation for ADAS. Tagungsband, IEEE Intelligent Vehicles Symposium, Gold Coast, Australien, 23. bis 26. Juni 2013

[7] Schreier, M.; Willert, V.; Adamy, J.: Grid Mapping in Dynamic Road Environments: Classification of Dynamic Cell Hypothesis via Tracking. Tagungsband, IEEE International Conference on Robotics and Automation, Hongkong, China, 31. Mai bis 7. Juni 2014

[8] Hohm, A.; Lotz, F.; Fochler, O.; Lueke, S. et al.: Automated Driving in Real Traffic: From Current Technical Approaches Towards Architectural Perspectives. SAE Technical Paper 2014-01-0159, DOI: 10.4271/2014-01-0159

[9] Bauer, E.; Konigorski, U.: Ein modellprädiktiver Querplanungsansatz zur Kollisionvermeidung. Vortrag, 6. VDI Fachtagung Autoreg 2013, Steuerung und Regelung von Fahrzeugen und Motoren, Baden-Baden, 5. und 6. Juni 2013

[10] Pfromm, M.; Cieler, S.; Bruder, R.: Driver Assistance via Optical Information with Spatial Reference. In: 16th International IEEE Conference on Intelligent Transportation Systems (ITSC) 2013, S. 2006-2011

DANKE

An der Realisierung des Forschungsprojekts Proreta 3 haben zahlreiche Experten der TU Darmstadt und von Continental mitgewirkt. Folgende Personen haben zu den erreichten Ergebnissen unter anderem maßgeblich beigetragen: Eric Bauer (RTM), Felix Lotz (FZD), Matthias Pfromm (IAD), Matthias Schreier (RMR), Prof. Dr. Ralph Bruder (IAD), Prof. Dr. Jürgen Adamy (RMR).

Heterogene Prozessoren für Fahrerassistenzsysteme

FRANK FORSTER

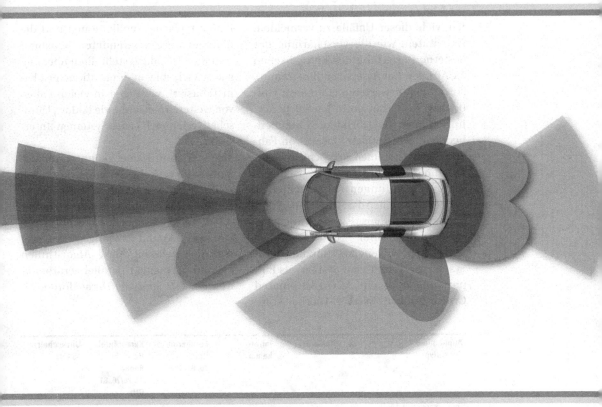

Moderne Fahrerassistenzsysteme stellen hohe Anforderungen an die Rechenleistung, jedoch auch zunehmend an die Leistungsaufnahme sowie die funktionale Sicherheit der verwendeten Hardware. Die neue TDA2x-System-on-Chip-Familie von Texas Instruments bietet mit einer heterogenen Systemarchitektur einen Ansatz, um diese unterschiedlichen Anforderungen zu adressieren.

© Springer Fachmedien Wiesbaden 2015, W. Siebenpfeiffer (Hrsg.),
Fahrerassistenzsysteme und Effiziente Antriebe, ATZ/MTZ-Fachbuch, DOI 10.1007/978-3-658-08161-4_1

Einsatzbereiche

In Europa sinkt erfreulicherweise die Anzahl der tödlich endenden Verkehrsunfälle seit vielen Jahren, betrug 2012 aber immer noch 28.000. Die weit überwiegende Anzahl hiervon ist auf menschliches Versagen, meist durch Unaufmerksamkeit des Fahrers, zurückzuführen. Fahrerassistenzsysteme können hier durch eine Überwachung der Fahrzeugumgebung – aber auch des Fahrers – helfen, viele dieser Unfälle zu vermeiden. Aktivitäten, wie die Verschärfung der 5-Sterne-Bewertung des Europäischen NCAP (New Car Assessment Programm), sowie dem erwarteten „Cameron Gulbransen Kids Transportation Safety Act" in Nordamerika, geben hierzu Rahmenbedingungen, um den Einsatz von Fahrerassistenzsystemen zu beschleunigen. Es kann prinzipiell zwischen verschiedenen Anwendungen unterschieden werden. Zum einen die Sicherheitsfunktionen wie Notbremsassistent/Fußgängererkennung, aber auch Komfortfunktionen, wie ein 360°-Rundumsicht-System (Surround View System) als Einparkhilfe oder ein ACC (Automated Cruise Control)-System. Hierbei kommen verschiedene Sensorsysteme zum Einsatz, die – oft auch kombiniert – die entsprechenden Fahrerassistenz-Applikationen bedienen und entsprechende Anforderungen an die funktionale Sicherheit erfüllen müssen.

Fahrerassistenz-Applikationen, Systeme und Anforderungen

Einige typische Applikationen und die üblicherweise verwendeten Sensoren sind in Bild 1 dargestellt. Eine überwiegende Vielzahl von Applikationen ist kamerabasiert, wird aber in vielen Fällen von weiteren Sensoren wie Radar-, Ultraschall- oder auch Laser-Systemen unterstützt.

Mit einer Front-Kamera können Funktionen wie Verkehrszeichenerkennung (TSR), Adaptives Fernlicht (HBA), Spurverlassenswarnung/Spurhalteassistent (LDW/LKS), aber auch Notbremsassistenten (EBA) und Fußgängererkennung realisiert werden. Diese Algorithmen müssen permanent parallel verarbeitet werden, was spezielle Herausforderun-

Applikation/ Sensortyp	Kamera	Infrarot- kamera	Fernbereichs- Radar 76..81 Ghz	Kurz-/Mittel- Bereichs- Radar 24..26/76..81 GHz	Ultraschall 48 kHz
Fernlichtassistent (HBA)	×				
Nachtsichtassistent (NV) Fußgängererkennung (PD)	×	×			
Adaptiver Tempomat (ACC)	×		×		
Stauassistent Notbremsassistent (EBA)	×			×	
Spurverlassenswarner (LDW) Spurhalteassistent (LKS)	×				×
Verkehrszeichenerkennung (TSR)	×				
Totwinkelassistent (BSD) Spurwechselassistent (LCA) Heck-Kollisionswarnung (RCW)	×			×	×
Parkassistent (PA)	×			×	×

Bild 1
Fahrerassistenz-Applikationen und ihre typischen Sensoren

gen an die Rechenleistung des Systems aber auch dessen Leistungsaufnahme stellt. Diese sollte durch den begrenzten Bauraum thermisch bedingt unter 3 W liegen.

Heterogener Systemansatz

Die Anforderungen an die Bildverarbeitung steigen durch den Einsatz von immer höher auflösenden Kamerasensoren und der steigenden Anzahl von gleichzeitig arbeitenden, zunehmend komplexeren Algorithmen weiter an. Trotzdem dürfen selbst beim Einsatz in einer Front-Kamera, in direkt vor dem Innenspiegel montiertem Gehäuse ohne Kühlung und bei direkter Sonneneinstrahlung, weder die Leistungsaufnahme noch die Reaktionszeiten ansteigen.

Speziell die Anforderungen im Low- und Mid-Level-Bereich der Bildverarbeitung sind hiervon betroffen. Im Low-Level-Bereich wird die gleiche Sequenz von Operationen auf jedes Pixel eines Frames angewendet, um zum Beispiel eine Kantenfilterung oder Farbraumanpassungen, sowie Linsenentzerrung vorzunehmen. Im Mid-Level-Bereich werden weiterführende Operationen auf interessanten Regionen durchgeführt, beispielsweise „Pattern Matching" für den Inhalt von erkannten Kreisen als Kandidaten für Geschwindigkeitsbegrenzungszeichen durchgeführt. Beide Bearbeitungsstufen benötigen eine hohe parallelisierbare Rechenleistung bei einem hohen Datendurchsatz. Hierfür kann eine hochspezialisierte – aber weiterhin frei programmierbare – Rechnerarchitektur enorme Vorteile in Bezug auf Leistungsfähigkeit bei einer niedrigen Verlustleistung bieten.

Im High-Level-Bereich werden die erkannten Strukturen als spezielle Objekte klassifiziert und verfolgt, was – anders als bei den vorherigen Stufen – abweichende Anforderungen an die Verarbeitung stellt.

Hier ist tendenziell eine DSP- oder klassische MPU-Architektur – oft auch mit Fließkommafunktionen – im Vorteil, da es weniger um schnelle Bearbeitung von großen Datenmengen, sondern um eine Vielzahl von Entscheidungsoperationen geht. Heterogene Systemarchitekturen bieten also die jeweils passende Prozessorleistung von General Purpose, bis zu hochspezialisierten Analyseaufgaben in der Bild-, aber zum Beispiel auch Radardatenverarbeitung.

Durch die immer kleiner werdenden Fertigungsgeometrien werden Mikroprozessoren zwar in der aktiven Leistungsaufnahme ohnehin verbessert; die Optimierung der Rechnerarchitektur auf die anfallenden Aufgaben ermöglicht hier aber eine zusätzliche deutliche Verbesserung der Leistungsaufnahme, **Bild 2**.

Was ist der „Vision Acceleration-Pac"?

Der neue Vision AccelerationPac von TI bietet mit seinen bis zu vier Embedded-

Bild 2
Unterschiedliche Applikationsanforderungen können mit verschiedenen Prozessorkernen optimal adressiert werden

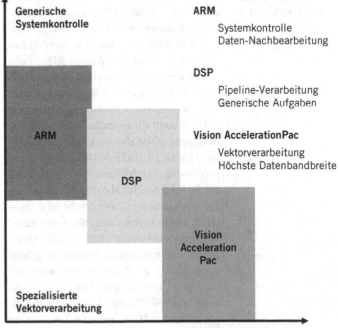

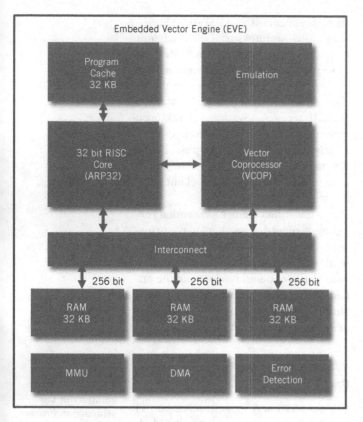

Embedded Vector Engine (EVE)

Program Cache 32 KB

Emulation

32 bit RISC Core (ARP32)

Vector Coprocessor (VCOP)

Interconnect

256 bit   256 bit   256 bit

RAM 32 KB   RAM 32 KB   RAM 32 KB

MMU   DMA   Error Detection

**Bild 3
Embedded-
Vector-Engine
(EVE)-Architektur**

Vision-Engine (EVE)-Modulen, Bild 3, eine leistungsfähige Basis für beispielsweise Bildverarbeitung im Low- bis Mid-Level- Bereich. EVE bietet je zwei 32-bit-Prozessorkerne: Der ARP32-RISC-Kern übernimmt die Steuerung des Moduls und Anbindung an den Rest des Systems. Der sogenannte Vector Coprozessor (VCOP) stellt die eigentliche Datenverarbeitungseinheit dar und kann zum Beispiel bis zu 16 16x16-MAC-Instruktionen pro Zyklus durchführen. Die Anbindung an die internen RAM-Speicher ist mit einer Busbreite von 768 bit sehr leistungsfähig, was in Verbindung mit einer Single-Instruction-Multiple-Data (SIMD)-Architektur zu einer hohen Verarbeitungsleistung führt. Der Datentransfer wird mit dem ebenfalls integrierten DMA – wie auch beim ARP32 und VCOP – unabhängig parallel in Hintergrund erfolgen. Eine

Mailbox bietet Synchronisation zwischen verschiedenen Rechnerkernen, eine Memory Management Unit (MMU) kann zum Beispiel bei der funktionalen Sicherheit helfen.

Der ARP32-Kern bietet vollen C/C++- und Betriebssystem-Support. Der VCOP ist mit einer Untermenge des C-Sprachumfangs (VCOP KernelC) frei programmierbar und bietet die Möglichkeit, den Algorithmen-Quellcode ohne Änderung (beispielsweise als goldene Referenz) auf eine PC-Plattform zu kompilieren.

Trotz der hohen verfügbaren Rechenleistung hat EVE eine sehr geringe Verlustleistung. Bild 4 zeigt einen Vergleich der Stromeffizienz von Cortex-A15, dem neuesten C66x DSP und EVE. Bei einem Leistungsbudget von 100 mW ermöglicht EVE eine um den Faktor 8 höhere Anzahl von 16-bit-Multiplikationen. Für High-Level-Bildverarbeitung, die sich oft auch Fliesskommaarithmetik bedient, sind DSPs – wie hier gezeigt die C66x-Architektur – prädestiniert. Für generischere Funktionen, die oft auf Standard-Betriebssystemen realisiert werden, bieten ARM-Kerne eine bessere Alternative. Somit ist eine Multiprozessorarchitektur mit verschiedenen Kernen – also ein heterogenes System – eine gute Kombination, um die verschiedenen Rechenanforderungen optimal zu adressieren.

Die TDA2x-Familie – ein heterogenes Multiprozessorsystem

Die neue TDA2x-SoC-Familie, Bild 5, von Texas Instruments bietet eine Vielzahl von unterschiedlichen Prozessorkernen und Beschleunigern, um für jede anfallende Funktion die am besten geeignete Lösung bereitzustellen. Neben dem Vision AccelerationPac (bis zu vier EVE Kernen, mit bis zu 650 MHz) sind zwei DSP-Kerne der C66x-Serie (bis zu 750 MHz) für anspruchsvolle Fix- und

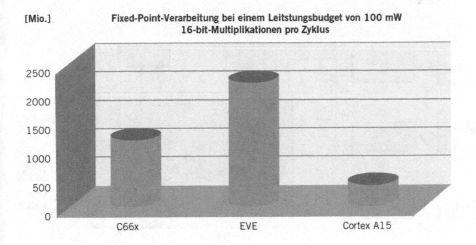

Bild 4
Verfügbare Prozessorleistung bei einem Energiebudget von 100 mW

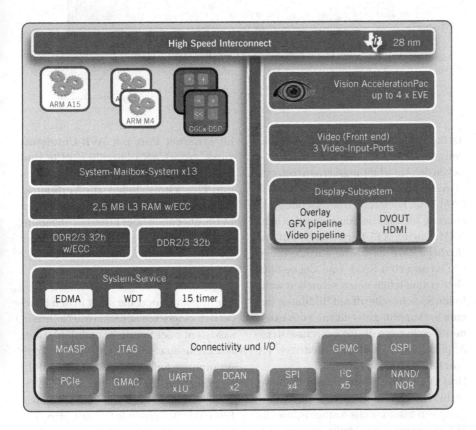

Bild 5
Blockdiagramm der TDA2x-Familie

Fließkommaoperationen, ein ARM Cortex-A15 (bis zu 750 Mhz), sowie zwei duale Cortex-M4 (200 MHz) für generische Kontroll- und Kommunikationsaufgaben verfügbar. Weiterhin bietet ein Hardware-Beschleuniger (IVA-HD) Multikanal-Videoen- und/oder Dekodierung, sowie zwei SGX544-Module 3D-Grafik-Ren-

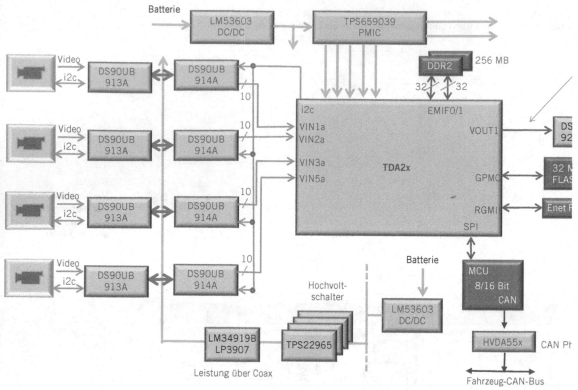

Bild 6
360°-Rundumsicht
mit der TDA2x-Fa-
milie

dering-Fähigkeiten von 170 Millionen Polygone/s.

Neben den Verarbeitungskernen bietet die TDA2x-Familie bis zu 2,5 MB internes L3-RAM (mit Fehlererkennungscode-Absicherung für funktionale Sicherheit); der ARM Cortex-A15-Kern kann auf zusätzliche 2MB L2-Cache zurückgreifen. Die integrierten RAM- und Cache-Speicher ermöglichen einen schnellen wahlfreien Speicherzugriff auf Bilddaten und eine Entkopplung der Kerne vom externen Speicher, um die für Fahrerassistenz-Applikationen wichtigen niedrigen Latenzzeiten zu erreichen.

Drei Video-Eingangsmodule mit je zwei 16-bit-Kanälen ermöglichen die Anbindung von bis zu sechs Kameras, was für 360°-Rundumsicht-Applikationen – in Verbindung mit beispielsweise Fahrerbeobachtung und Front-Kamera – erforderlich ist.

Für die Kommunikation stehen ein Giga-bit Ethernet Port mit AVB-Unterstützung, zwei CAN-Controller, PCIe und eine Vielzahl von SPIs, UARTS und I2C-Schnittstellen zur Verfügung. Somit können Kameras sowohl über LVDS, aber auch über Ethernet angebunden werden.

Funktionale Sicherheit

Für Applikationen, die stark in den Fahrbetrieb eingreifen können (wie Notbremsassistent oder Spurhaltefunktion), ist es nötig, eine nach der ISO26262 geforderte Automotive Safety Integrity Level (ASIL) zu erreichen. Hierfür bietet die TDA2x-Familie eine Vielzahl von Funktonen wie Fehlererkennungscode (Error Correction Code, ECC) für interne Speicher und externe Speicheranbindung, Taktrückführung, integrierte Fehlererkennung im EVE- Kern, sowie spezielle Memory Management Units (MMUs) für die Entkopplung von sicherheitskritischen Aufgaben. Darüber hinaus steht eine Sicherheitsdokumentation im Rahmen des SafeTI-Konzepts zur Verfügung.

360°-Rundumsicht

Die im TDA2x verfügbare Rechenleistung ermöglicht Rundumsicht-Applikationen, **Bild 6**. Vier Kameras werden mit dem DS90UB913A-Q1/914A-Q1-Serializer/Deserializer-Chipsatz (ermöglicht 10- oder 12-bit-Videodaten) über eine schnelle, differenzielle LVDS-Verbindung an den TDA2x angebunden. Bei Verwendung von Koaxialkabeln sind damit Leitungslängen bis zu 15 m möglich.

Mit einer Kombination aus LM34919B-Q1 und LP3907-Q1 können die Kameras durch diese Koaxleitung auch mit Leistung versorgt werden, das heißt es ist nur eine einzige Leitung für unkomprimierte Megapixel-Kameradaten, Kontrollsignale und Stromversorgung nötig. Mit dem TPS22965 Load Switch lassen sich die Kameramodule auch vollständig abschalten.

Der für den TDA2x optimierte Power Management Integrated Circuit (PMIC) TPS659039 beinhaltet sieben hocheffektive DC/DC-Konverter mit bis zu 6-A-Ausgangsstrom, sechs frei programmierbare LDOs und 13 12-bit-AD-Wandler-Eingänge. Weiterhin bieten der integrierte Watchdog, Unter-/Überspannungs- und Temperaturüberwachung wichtige Funktionen für die funktionale Sicherheit des Systems.

Ausblick

Die genannten Assistenzsysteme stellen sicherlich eine Zwischenstufe auf dem Weg zum eigentlichen Ziel eines komplett autonom bewegten Fahrzeugs dar. Auch wenn dies in verschiedenen Fahrsituationen wie in zähfließendem Autobahnverkehr mit Längs- und Querführung schon heute möglich ist, wird ein komplett autonomer Betrieb nach Einschätzung vieler Automobilhersteller erst ab 2020 möglich. Die hierfür nötigen Systeme wie auch die rechtlichen Rahmenvoraussetzungen müssen erst entwickelt werden. Mit den heterogenen, skalierbaren Multiprozessorsystemen von TI wurde zumindest technisch ein großer Schritt gemacht, um die Straßen von morgen noch sicherer zu machen.

Zentrales Steuergerät für teilautomatisiertes Fahren

Dr. Hans-Gerd Krekels | Ralf Loeffert

TRW hat ein zentrales Steuergerät entwickelt, das die Daten zahlreicher Fahrzeugsensoren zusammenführt und als Integrationsplattform für fortschrittliche Fahrerassistenzsysteme fungiert. Die Safety Domain ECU, kurz SDE, ebnet den Weg für teilautomatisierte Fahrzeugfunktionen und erlaubt Automobilherstellern eine nach Kundenwunsch skalierbare Ausstattung von Assistenzsystemen. Gleichzeitig lässt sich die Anzahl der Steuergeräte reduzieren sowie Software als Black Box integrieren. Die erste Generation der SDE ist im September 2013 in Serie gegangen.

© Springer Fachmedien Wiesbaden 2015, W. Siebenpfeiffer (Hrsg.),
Fahrerassistenzsysteme und Effiziente Antriebe, ATZ/MTZ-Fachbuch, DOI 10.1007/978-3-658-08161-4_1

Hintergrund

Der Trend zu automatisiertem Fahren wird immer mehr zu einem zentralen Treiber in der Automobilindustrie. Bereits heute sind einige Neufahrzeuge mit teilautomatisierten Systemen wie Stauassistenten ausgestattet. TRW rechnet damit, dass ab 2016 Funktionen wie Autobahnassistenz, die in bestimmten Situationen oder für einen gewissen Zeitraum die Kontrolle übernehmen können, verfügbar sein werden. Das macht den Einsatz zahlreicher Sensoren erforderlich, die die Umgebung rund um das Fahrzeug permanent überwachen. Bei vielen der derzeit im Markt befindlichen Fahrerassistenzsysteme findet die Datenfusion von Radar und Kamera in der Regel im Radarsensor statt.

Um allerdings neuartige und immer intelligentere Fahrerassistenzsysteme zu realisieren, die aktiv in das Fahrgeschehen eingreifen können, wird eine neue Generation an Steuergeräten benötigt: ein hochleistungsfähiges Sicherheits-Domänen-Steuergerät. Dieses muss die Daten mehrerer voraus-, seitlich- und rückwärtsgerichteter Radar- und Kamerasensoren fusionieren, in Sekundenbruchteilen äußerst zuverlässige Entscheidungen treffen und anschließend die entsprechenden Aktoren ansteuern können.

Funktionsweise und Systemvorteile

Um dieser Entwicklung Rechnung zu tragen hat TRW ein Domänen-Steuergerät entwickelt, das eine Reihe von Fahrwerk- sowie Regelungsfunktionen für fortschrittliche Fahrerassistenzsysteme bündelt, zum Beispiel für die adaptive Geschwindigkeitsregelung (ACC) oder die automatische Notfallbremse (AEB). Die Safety Domain ECU (SDE) ist einerseits für die steigende Komplexität bei der Vernetzung und Kommunikation von Fahrzeugsystemen sowie andererseits zur Reduzierung elektronischer Redundanzen ausgelegt.

Das System ist mit allen Fahrzeug- und Umgebungssensoren wie der elektronischen Stabilitätskontrolle, Radar- oder Kamerasensoren verknüpft und wird kontinuierlich mit Informationen zum Fahrzustand sowie zum Fahrzeugumfeld versorgt, Bild 1. Die zur Verfügung gestellten Daten werden von den Algorithmen zentral verarbeitet, sodass die SDE aufgrund der hohen Informationsdichte in kürzester Zeit präzise Entscheidungen treffen kann, um anschließend unmittelbar in die Fahrwerkregelung einzugreifen und Steuerungssignale an Lenk-, Brems- sowie Antriebssystem oder Allradantrieb zu senden.

Durch die Bündelung zahlreicher Fahr-

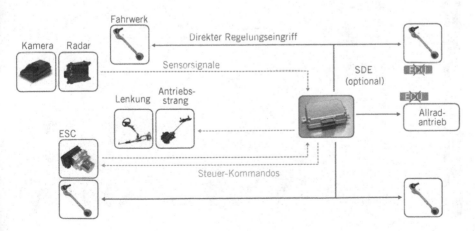

Bild 1
Architektur der
Safety Domain ECU

zeugfunktionen sowie die zentrale Verarbeitung kann die SDE zur Reduktion von Elektronikredundanzen in Sensoren oder anderen Steuergeräten führen. Gleichzeitig ermöglicht das Sicherheits-Domänen-Steuergerät ein optimales Zusammenspiel aller Systeme. Denn die verschiedenen Regelungseingriffe, die bislang unabhängig voneinander erfolgt sind, lassen sich dadurch optimal aufeinander abstimmen.

So können korrigierende Eingriffe der elektrischen Lenkung oder das Abbremsen einzelner Räder durch die elektronische Stabilitätskontrolle koordiniert werden. Zudem bietet die SDE die Flexibilität, fortschrittliche und damit funktionsgetriebene Sonderausstattungen von kostengetriebenen Standardsystemen mit hoher Ausstattungsrate zu trennen. Denn die leistungsfähige ECU muss nur dann verbaut werden, wenn der Kunde fortschrittliche Assistenzsysteme für sein Fahrzeug ordert. Auf diese Weise lässt sich eine flexible, nach Kundenwunsch skalierbare Ausstattung realisieren. Ein weiterer Vorteil der SDE ist, dass sich auf einfache Weise zusätzliche Funktionalitäten in die ECU integrieren lassen. Software-Module können als Black Box integriert werden, sodass der Programmcode für den Zulieferer unkenntlich bleibt. Dies gibt Fahrzeugherstellern die Möglichkeit, eigene Software-Pakete in das zentrale Steuergerät zu integrieren beziehungsweise integrieren zu lassen.

Das Fahrzeug erhält so eine eigene DNA, mit der charakteristische Fahreigenschaften von Modellen und Marken umgesetzt werden können.

Systemaufbau und Autosar-Design

Die SDE besteht aus einem leistungsfähigen, skalierbaren Dual-Core-Mikroprozessor mit offener Software-Architektur gemäß Autosar 3.x. **Bild 2** zeigt den Systemaufbau der SDE: Die CPU (120 MHz/2 MB) kommuniziert über CAN (1 Mbit/s) oder Flexray (10 Mbit/s) mit der Außenwelt. Radar und Kamera-Mo-

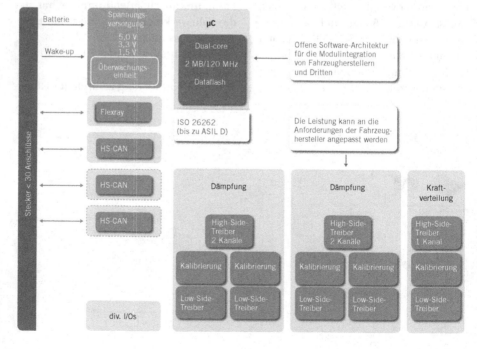

Bild 2
Das flexible Systemdesign der SDE erlaubt die Integration von Software als Black Box

dule erfassen die Fahrzeugumgebung und stellen der CPU über die Schnittstellen alle gesammelten Informationen zur Verfügung. Diese werden von der ECU in Echtzeit verarbeitet. Anhand der Daten von Radar- und Kamerasensoren wird ein Umfeldmodell des Fahrzeugs errechnet, auf dessen Basis beispielsweise Notbremsungen oder auch entsprechende Lenkeingriffe durchgeführt werden. Die SDE sendet hierzu über ein Bussystem (beispielsweise Flexray) entsprechende Steuer-Kommandos an das Bremsen- und/oder Lenkungssteuergerät.

Das Autosar-konforme Design der SDE erlaubt die strikte Trennung von Hard- und Software, **Bild 3**. Somit lassen sich Fahrzeugfunktionen entwickeln, die Steuergeräte übergreifend ausgelegt sind. Die Software der SDE besteht aus Steuergeräte unabhängigen Anwendungskomponenten, der Run Time Environment (RTE) sowie der Steuergeräte spezifischen Basis-Software, **Bild 4**. Die Basis-Software (BSW) beinhaltet die Grundfunktionen des Steuergeräts. Die RTE dient als Laufzeitumgebung für die Anwendungs-Software und stellt alle benötigten Schnittstellen bereit, damit die verschiedenen Systeme auf die Daten der BSW – beispielsweise die Signalwerte aus dem CAN- oder Flexray- Kommunikationsnetzwerk – zugreifen können.

Dank dieser Entkopplung von Hard- und Software ist es möglich, die Fahrzeugfunktionen unabhängig von der später im Fahrzeug existierenden Topologie sowie von unterschiedlichen Zuliefern entwickeln zu lassen und sie dennoch mit einem zentralen Steuergerät zu regeln. Ein weiterer Vorteil der Software-Architektur: Wird zur Erweiterung des Funktionsumfangs bei einem Fahrzeugmodell der Mikrocontroller ausgetauscht, ist kein Eingriff auf höherer Ebene der Anwendungs-Software nötig, sondern es muss lediglich die Steuerge-

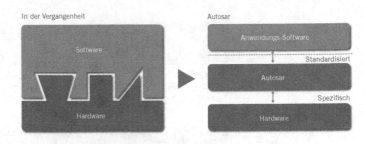

In der Vergangenheit / Autosar / Software / Hardware / Anwendungs-Software / Standardisiert / Autosar / Spezifisch / Hardware

Bild 3
Entkopplung von Hard- und Softbare auf Basis von Autosar (Quelle: www. autosar.org)

rätekonfiguration angepasst werden. Darüber hinaus kann TRW Software-Module von Drittanbietern als Black Box in die SDE integrieren, wobei der Programm-Code unkenntlich bleibt. Die Basis für diese Black-Box-Integration bilden die vom Hersteller definierten Schnittstellen sowie standardisierte Beschreibungen für die Funktions-Software, die vom jeweiligen Zulieferer zur Verfügung gestellt werden.

Funktionale Sicherheit der SDE

Die SDE von TRW ist eine Autosar-Entwicklung, die sowohl in Bezug auf Hard- als auch Software ISO26262-konform ist und somit sicherstellt, dass das System systematische und auch zufällige Fehler erkennt und ihre Auswirkungen durch die Aktivierung eines „fail safe modus" minimiert.

Im gesamten Entwicklungsprozess – einschließlich der Spezifikationen, des Designs, der Implementierung, der Integration, der Verifizierung und der Validierung – wurden funktionale Sicherheitsaspekte berücksichtigt.

In die SDE hat TRW verschiedene Mechanismen implementiert, um mögliche Fehler aufzudecken und einen stabilen Betrieb sicherzustellen. Dazu zählt ein Dual-Core-Lockstep-Mikrocontroller, bei dem beide Prozessoren parallel agieren und so zufällige Hardware-Fehler durch Vergleich der Rechenergebnisse erkennen können. Außerdem werden zyklische

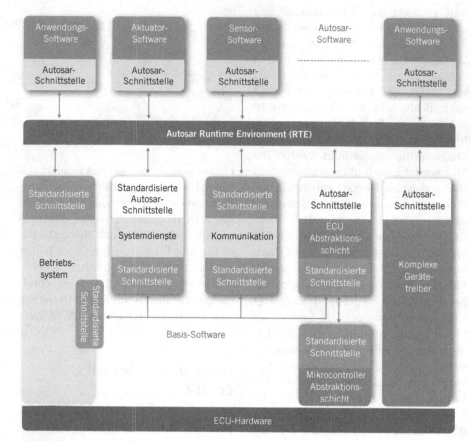

Bild 4
Die Software der SDE besteht aus Steuergeräte unabhängigen Anwendungskomponenten, der Laufzeitumgebung (RTE) sowie der Steuergeräte spezifischen Basis-Software (Quelle: www.autosar.org)

Redundanzprüfungen (CRC) durchgeführt, die die sichere End-to-End (E2E)-Kommunikation zwischen ECU und Außenwelt sowie innerhalb der ECU sicherstellen: Eine Software-Komponente (SW-C) sendet über eine spezielle E2E-Schnittstelle (E2E Protection Wrapper) Daten an die RTE. Diese E2EPW-Schnittstelle berechnet eine Prüfsumme, mittels derer ungewünschte Veränderungen der Dateninhalte vom Empfänger erkannt werden können. Die Daten inklusive der Prüfsumme werden wiederum von der entsprechenden E2E-Schnittstelle auf der Empfängerseite überprüft und bei Korrektheit an die Empfänger-Software-Komponente weitergeleitet, **Bild 5**. Mithilfe dieser gängigen CRC-Mechanismen lassen sich Daten verifizieren, ohne

dem Signal auf Applikationsebene weitere Informationen hinzuzufügen. Zudem können die CRC-Algorithmen einfach in Hardware implementiert und mathematisch leicht analysiert werden. So lassen sich gängige Fehler aufgrund von Störungen in den Übertragungskanälen zuverlässig erkennen. Auf diese Weise stellt TRW sicher, dass weitere in die ECU integrierte Software die übermittelten Informationen nicht modifizieren kann und verhindert Systeminterferenzen.

Automatisiertes Testen der RTE

Da die Anforderungen der Anwendungs-Software an die Schnittstellen (CAN, LIN, Flexray oder Most) je nach Funktionsumfang unterschiedlich sind, muss die RTE

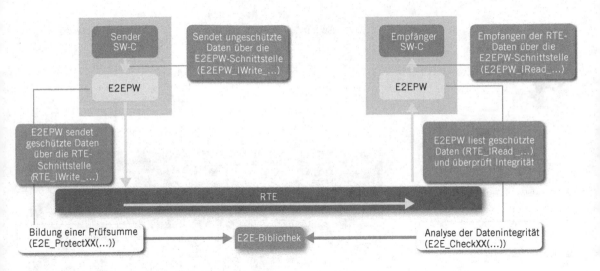

im Entwicklungsprozess auf die jeweilige Applikation zugeschnitten werden. Zur Validierung der spezifischen RTE hat TRW einen automatisierten Mechanismus entwickelt, **Bild 6**. Mithilfe eines CAN/Flexray-Tools werden aus der Spezifikation heraus Testfälle erzeugt. Darauf aufbauend werden Informationen von Port zu Port gesendet, um zu überprüfen, ob die Daten korrekt übermittelt werden. Mit dieser ISO-26262-konformen Testmatrix stellt TRW sicher, dass die Abstraktionsebene der RTE entsprechend der vorgegebenen Spezifikation konfiguriert ist. In der Regel liegt ein Testergebnis nach etwa acht Stunden vor und kann für jede Software mit geringem Aufwand wiederholt werden. Mit diesem automatisierten Testmechanismus ist es TRW gelungen, die Durchlaufzeit bei der Software-Entwicklung deutlich zu reduzieren. Nur aufgrund dieser kurzen Integrations- und Testzyklen ist es möglich, in die SDE je nach Ausstattungsumfang neue Funktionen zu erschwinglichen Kosten zu integrieren. Der OEM hat so die Möglichkeit, in relativ kurzer Zeit Änderungen der eigenen Black-Box-Applikations-Software in das Steuergerät einzubringen. Es ist damit ebenfalls mög-

lich, die Funktionalität der OEM-Software parallel und weitgehend unabhängig von der eigentlichen Steuergeräte-Entwicklung durchzuführen.

Serieneinsatz und Ausblick

Die erste Applikation der SDE ist im September 2013 in verschiedenen Modellen eines namhaften europäischen Herstellers in Serie gegangen. Sie integriert Algorithmen, die die vertikale Dynamik des Fahrzeugs kontrollieren. Beispielsweise unterstützt die SDE einen Sportmodus, der auf Wunsch des Fahrers aktiviert werden kann, sowie aktive Sicherheitsfeatures wie beispielsweise einen Notbremsassistenten oder einen adaptiven Tempomaten.
Derzeit entwickelt TRW die zweite Generation seiner SDE mit verbesserter Architektur auf Basis von Autosar 4.x. SDE 2 verfügt über einen leistungsfähigeren Quad-Core-Prozessor mit bis zu 8 MB Flash und 2 MB RAM für eine schnellere Verarbeitungsgeschwindigkeit noch größerer Datenmengen.
Unterstützt wird dies durch eine Ethernet-Schnittstelle (100 Mbit/s). Somit wird

Bild 5
Um die funktionale Sicherheit zu gewährleisten, führt TRW zyklische Redundanzprüfungen durch (Quelle: www.autosar.org)

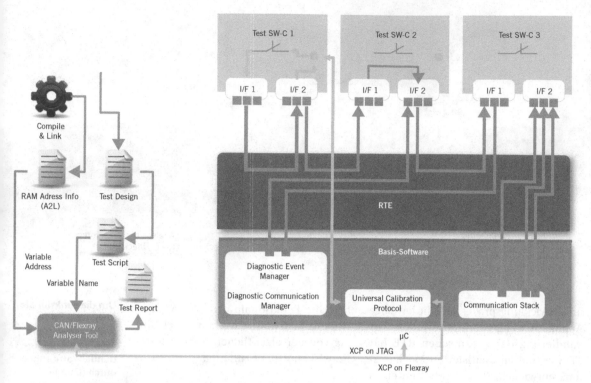

die weiterentwickelte Technologie den technologisch getriebenen, steigenden Ressourcenanforderungen gerecht und schafft die Voraussetzung für die Kommunikation mit dem World Wide Web. Darüber hinaus lassen sich dann auch neue Fahrerassistenzfunktionen und teilautomatisierte Fahrzeugfunktionen auf Basis von Car-to-Car- und Car-to-X-Kommunikation realisieren. Auch das Niveau der Datenfusion erhöht TRW bei der zweiten SDE-Generation, sodass beispielsweise eine 360°-Sensierung im zentralen Steuergerät verarbeitet werden kann. Das funktionale Sicherheitslevel ist auf ASIL D ausgelegt und beruht unter anderem auf einem Speicherschutz sowie einer partitionierten RTE gemäß Autosar-Standard. Entsprechend ist dann auch das aktive Eingreifen in das Brems- oder Lenksystem möglich, um teilautomatisierte Funktionen umzusetzen. Um die Funktionalität der Technologie weiter zu erhöhen und die Regelungs-

eingriffe noch effizienter zu gestalten, können in das Gehäuse der SDE 2 zusätzliche Mikroprozessoren integriert werden – beispielsweise der Mobileye-Chip der TRW-Kamera. Die neue SDE-Generation könnte 2017/2018 in Serie gehen.

TRW betrachtet SDE als strategisch wichtiges Produkt, das auf dem Weg zum automatisierten Fahren eine Schlüsselrolle einnehmen wird. Der Sicherheitsspezialist geht davon aus, dass derartige zentrale Steuergeräte immer mehr Verbreitung finden und bis 2020 auch Standardausstattung außerhalb des Premiumsegments sein könnten.

Simulation von Sensorfehlern zur Evaluierung von Fahrerassistenzsystemen

Dr. Robin Schubert | Norman Mattern | Roy Bours

Die zunehmende Verbreitung von Fahrerassistenzsystemen sowie die fortschreitende Entwicklung in Richtung des automatisierten Fahrens erfordern neue, effiziente Wege der Systemvalidierung. Dabei stellt die Simulation eine immer wichtiger werdende Ergänzung zu Fahrversuchen dar, da sie einen frühen und automatisierbaren Testansatz bietet. Baselabs und TASS International stellen in diesem Kontext einen probabilistischen Ansatz zur Simulation von Sensordaten vor. Dieser ermöglicht eine realitätsnähere Simulation und gleichzeitig Flexibilität und Anpassbarkeit bestehender Ansätze. Anhand eines exemplarischen Szenarios diskutieren die Autoren Ergebnisse und Nutzen dieser Methodik. Dabei wird deutlich, dass der vorgestellte Ansatz die Aussagekraft simulationsbasierter Evaluierung deutlich steigern kann.

© Springer Fachmedien Wiesbaden 2015, W. Siebenpfeiffer (Hrsg.),
Fahrerassistenzsysteme und Effiziente Antriebe, ATZ/MTZ-Fachbuch, DOI 10.1007/978-3-658-08161-4_1

Motivation

Fahrerassistenzsysteme erfahren derzeit eine starke Verbreitung und stellen eine Verbesserung der Verkehrssicherheit, des Fahrkomforts und der Verkehrseffizienz in Aussicht. Gleichzeitig wird von verschiedenen Organisationen an einer Erhöhung des Automatisierungsgrads gearbeitet [1].

Alle diese Systeme sind aufgrund des maschinellen Eingriffs in den Fahrprozess sicherheitskritisch und erfordern daher angemessene Absicherungsprozesse. Aufgrund der Komplexität und Variabilität der Verkehrsszenarien ist die Absicherung über Fahrversuche bereits heute nur mit erheblichem Aufwand möglich.

Mit der zunehmenden Erhöhung des Automatisierungsgrades gewinnt diese Problematik weiter an Relevanz. Deswegen werden als Ergänzung zu Fahrversuchen zunehmend Simulationen für die Validierung verwendet – insbesondere in den frühen Entwicklungsstadien. Die Vorteile dieser Methodik liegen in der Automatisierbarkeit und der Möglichkeit, sicherheitskritische Situationen gefahrlos zu bewerten.

Die Aussagekraft simulationsbasierter Evaluierungen hängt maßgeblich von der Qualität der Simulation ab, das heißt von der Frage, inwieweit reale und simulierte Szenarien zu einem vergleichbaren Verhalten des zu testenden Systems führen. Während Fahrzeugmodelle inzwischen einen hohen Grad an Realismus erreicht haben, stellt die Modellierung des Fahrzeugumfelds und insbesondere dessen Erfassung mit Sensoren eine große Herausforderung dar.

Momentan sind hierfür zwei Klassen von Sensormodellen verfügbar:

- Idealisierte Sensormodelle: Diese Modelle liefern den tatsächlichen, unverfälschten Wert der simulierten Größe (zum Beispiel Position und Geschwindigkeit eines Fahrzeugs oder die Krümmung einer Fahrbahn). Die Idee hinter dieser Modellfamilie ist, dass Anforderungen, die bereits unter idealen Bedingungen nicht erfüllt werden, in realistischen Szenarien gar nicht erst evaluiert werden müssen.

- Physikalische Sensormodelle: Modelle dieser Kategorie versuchen, das interne Verhalten des Sensors und dessen Interaktion mit der physikalischen Welt abzubilden. Viele Simulationsumgebungen rendern beispielsweise Kamerabilder und versuchen dabei, Licht- und Wetterbedingungen möglichst realitätsnah nachzubilden. Einen ähnlichen Ansatz verfolgen physikalische Radarmodelle welche die Ausbreitung elektromagnetischer Wellen in der Verkehrsszene und das Detektionsverhalten (beispielweise die Antenneneigenschaften) simulieren.

Obgleich jeder dieser Ansätze für bestimmte Anwendungsfälle sinnvoll sein kann, weisen beide Modellfamilien Nachteile auf. Die Einschränkung idealisierter Sensormodelle liegt dabei offensichtlich in der Nichtberücksichtigung von Sensorfehlern und der dadurch eingeschränkten Aussagekraft der mit solchen

Bild 1
Vergleich verschiedener Abstraktionsebenen für Sensorsimulationen: neue Zwischenebene der Sensormodelle (rechte Spalte), die Sensorfehler probabilistisch modelliert

Kriterium	Idealisierte Modelle	Physikalische Modelle	Probabilistische Modelle
Status	Standard	Standard	Neuer Ansatz (in diesem Artikel beschrieben)
Sensorfehler	Nicht modelliert	Realistische Einzelmessung	Realistische Statistik
Rechenkomplexität	Gering	Sehr hoch	Gering
Anpassbarkeit	Nicht anwendbar	Gering	Sehr hoch

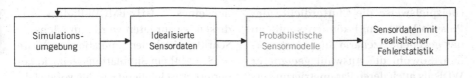

Bild 2
Verallgemeinerter Datenfluss zur probabilistischen Sensorsimulation

Bild 3
Vergleich einer realen Verkehrsszene und dem daraus generierten Simulationsszenarios

Modellen erzielten Evaluierungsergebnisse. Physikalische Sensormodelle umgehen diese Einschränkung, weisen jedoch andere Nachteile, zum Beispiel eine sehr hohe Rechenkomplexität und eine sehr beschränkte Anpassbarkeit an verschiedene Sensortypen auf. Für verschiedene entfernungsgebende Sensoren wie Radar und Lidar sind völlig unterschiedliche physikalische Modelle erforderlich. In diesem Beitrag wird eine neue Zwischenebene der Sensormodelle vorgestellt, welche Sensorfehler probabilistisch modelliert. Die Idee ist dabei, nicht die einzelne Messung so realistisch wie möglich zu erzeugen, sondern vielmehr das statische Verhalten realen Sensoren anzunähern. In Bild 1 ist dieser Ansatz den bisherigen Simulationsebenen gegenübergestellt.

Herausforderungen und technische Umsetzung

Die grundlegende Idee des vorgestellten Ansatzes ist in Bild 2 dargestellt. Sensordaten aus idealisierten Sensormodellen werden mit einem Fehlersignal überlagert, welches durch einen Zufallsgenerator generiert wird (dabei können übliche Verfahren zur Simulation von Zufallszahlen anhand gegebener Verteilungen wie beispielsweite Rejection Sampling [2] verwendet werden).

Mit diesem Ansatz können verschiede typische Sensorfehler modelliert werden, beispielsweise:

- weißes oder farbiges Rauschen kontinuierlicher Messgrößen
- Falsch-Positiv-Detektionen (das heißt Detektionen, die nicht auf einem realen Objekt basieren)
- Falsch-Negative-Detektionen (das heißt Objekte, die keine Detektion hervorrufen).

Die Hauptherausforderung liegt in der Auswahl geeigneter Wahrscheinlichkeitsdichtefunktion (WDF), aus welcher die zufälligen Fehlerwerte generiert werden können. Diese WDF müssen die realen Sensorcharakteristika angemessen abbilden, aber dennoch an verschiedene Umgebungen, Wetterbedingungen oder Ähnlichem anpassbar sein. Dies kann durch die Definition einer parametrischen Form der WDF erreicht werden (beispielsweise einer Poisson-Verteilung für Falsch-Positiv-Detektionen oder einer Rayleigh-Verteilung für Radarsignale). Die Parameter dieser Verteilungen (beispielsweise die Clutterdichte der Poisson-Verteilung) können somit an das gegebene Szenario angepasst werden. Sowohl die Auswahl geeigneter WDF als auch deren Parametrierung erfordern umfangreiche Erfahrungen mit realen Sensoren.

Anwendungsbeispiel

Zur Umsetzung des vorgestellten Ansatzes kooperieren die Unternehmen TASS International und Baselabs GmbH auf Grundlage ihrer bestehenden Produkte PreScan und Baselabs Create. Das folgende Beispiel gibt einen Einblick in diese Arbeit.

Zu Evaluierungszwecken wurden verschiedene Sensoren eines Messfahrzeugs mittels des Multi-Sensor-Frameworks Baselabs Connect [3] aufgezeichnet. Die Daten beinhalten beispielsweise Kamerabilder, CAN-Nachrichten und Detektio-

nen eines 77-GHz-FMCW-Radars. Aus diesen Sensordaten wurde im nächsten Schritte mittels der Simulations-Software PreScan [4] ein Simulationsszenario generiert. Anschließend wurden vorausfahrende Fahrzeuge mit einem idealisierten Sensormodell erfasst, um deren Positions- und Geschwindigkeitsmessungen (ohne Sensorfehler) zu erhalten.

Mithilfe des in diesem Beitrag vorgestellten Ansatzes wurden durch ein Baselabs-Modul innerhalb der Software PreScan verschiedene Sensorfehler simuliert. Zum einem wurden Entfernungs-, Radialgeschwindigkeits- und Azimuth-Messungen mit einem Messrauschen überlagert. Weiterhin wurden Detektionsfehler (Falsch-Positiv- und Falsch-Negativ-Detektionen) identifiziert, Bild 3.

Das Ergebnis dieser exemplarischen Modellierung ist in Bild 4 dargestellt. Der am einfachsten erkennbare Unterschied liegt in der Existenz von Falsch-Positiv-Detek-

Bild 4
Idealisierte und angepasste Radarmessungen: der am einfachsten erkennbare Unterschied liegt in der Existenz von Falsch-Positiv-Detektionen, welche eine der kritischsten Fehlerquellen für Fahrerassistenzfunktionen darstellen

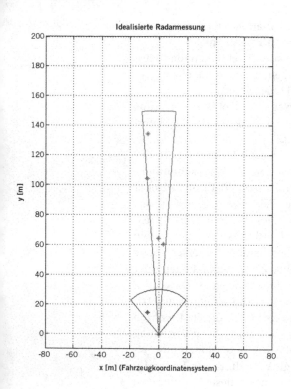
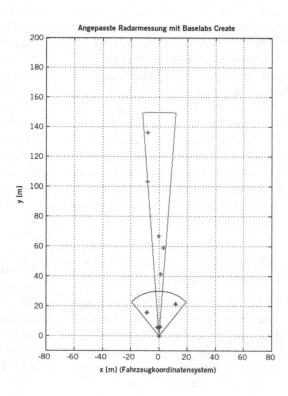

tionen, die eine der kritischsten Fehlerquellen für Fahrerassistenzfunktionen darstellen. Diese Messungen können nun für die Evaluierung der Robustheit einer Umfelderkennungs-Komponente genutzt werden, die speziell zum Umgang mit derartigen Sensorfehlern entworfen wurde. Damit trägt der vorgestellte Ansatz zu realistischeren Simulationen und damit einer höheren Robustheit der getesteten Systeme bei.

Literaturhinweise

[1] AutoNet2030 (2014): Co-operative Systems in Support of Networked Automated Driving by 2030, website, URL: www.autonet2030.eu, last visited: 08.01.2014

[2] Russel, S. J.; Norvig P.: Artificial Intelligence: A Modern Approach, Pearson Education (2003)

[3] Schubert, R.; Richter, E.; Mattern, N.; Löbel, H.: Rapid Prototyping of ADAS and ITS applications on the example of a vision-based vehicle tracking system. ITS World Congress, Vienna (2012)

[4] Bours, R.; Tideman M.: Simulation Tools for Integrated Safety Design (2010). URL: https://www.tassinternational.com/prescan-press, last visited: 08.01.2014

Fahrerassistenzsysteme – Abwägungsprozess nicht unterschätzen

Markus Schöttle

BILD © DSGpro/iStockp

Die Entwicklung von Fahrerassistenzsystemen, die Unfälle vermeiden helfen und Leben retten können, zählt zu Recht zu den wichtigsten Zielen der Autobranche. Immer im Blick der Ingenieure ist die Perspektive, mit vollvernetzten und automatisiert fahrenden Fahrzeugen irgendwann die Marke „Null-Unfalltote" zu erreichen. Seriöse F&E-Projekte werden allerdings derzeit von einem regelrechten Hype überschattet und die zu lösenden Hausaufgaben oft unterschätzt. Der Technikfahrplan für die kommenden Jahre sollte auf den Prüfstand. Dabei gilt es, Umsetzbarkeit und Akzeptanz der Systeme abzuwägen.

© Springer Fachmedien Wiesbaden 2015, W. Siebenpfeiffer (Hrsg.),
Fahrerassistenzsysteme und Effiziente Antriebe, ATZ/MTZ-Fachbuch, DOI 10.1007/978-3-658-08161-4_1

Marktprognosen

Das Marktpotenzial vernetzter Mobilität wird sich zwischen 2015 und 2020 von 31,87 auf 115,20 Milliarden Euro fast vervierfachen. Insbesondere die Connected-Car-Segmente Sicherheit und automatisiertes Fahren sorgen dabei für enormes Wachstum. Das ist das Ergebnis einer Marktstudie „Connected C@r 2014", die Strategy& und PwC in Zusammenarbeit mit dem Center of Automotive Management (CAM) zur Zukunft der vernetzten Mobilität erstellt haben. Während das Marktvolumen für Sicherheit 2015 noch bei 12,18 Milliarden Euro, das für die technologischen Vorstufen für automatisiertes Fahren bei 7,49 Milliarden Euro liegt, wird erwartet, dass sich diese Potenziale bis 2020 auf 47,34 respektive 35,66 Milliarden Euro vervielfachen. Die Studie konzentriert sich dabei auf alle Pkw-Segmente: „Der Trend kennt nur eine Richtung, nämlich stärkere Vernetzung", erklärt Richard Viereckl, der Leiter des Automobilbereichs der internationalen Managementberatung Strategy& (ehemals Booz & Company). Diese Entwicklung eröffne den Automobilherstellern ungeahnte Wachstumspotenziale. Insbesondere Sicherheitsanwendungen und automatisiertes Fahren sind laut Viereckl die heißen Themen der kommenden Jahre.

Was bedeutet eigentlich Sicherheit?

Die sichere Funktion eines Produkts hängt nicht mehr nur von der Funktionalen Sicherheit (Safety), sondern auch von der (IT-)Security ab. „Safety kümmert sich um die korrekte Funktion, Security schützt die Integrität, das geistige Eigentum und immer öfter auch die persönlichen Daten des Anwenders", definiert Dr. Thomas Wollinger, Geschäftsführer der Escrypt GmbH. Ganz gleich, ob es um mutwillige Angreifer oder um technisches Versagen geht, entscheidend für die Sicherheit ist die schwächste Stelle im Gesamtsystem. Gerade im Autobereich ist es wichtig, diese auch bei den weit verteilten Entwicklungsprozessen und Wertschöpfungsketten im Blick zu behalten.

Escrypt stellt in aktuellen Kunden- und Förderprojekten, unter anderem den Projekten des Connected-Car-Konsortiums, bereits in anderen Branchen praktiziertes Know-how in Sachen Security zur Verfügung. Das Start-up der Universität Bochum und jüngste Etas-Tochter ist um Aufklärung bemüht und um wichtige Standards, beispielsweise Schutzklassen, die laut Wollinger unbedingt notwendig sind.

Zwei entscheidende Kernfragen gilt es zu beantworten: Was genau muss geschützt werden? Und wie gut muss dieser Schutz sein? Security zielt auf den Schutz eines Werts ab, führt Wollinger aus. Aber bei jedem Wert sind andere Aspekte schützenswert.

Die wichtigsten sind Vertraulichkeit, Integrität und Authentizität sowie die Verfügbarkeit. Jedes System oder Teilsystem gewichtet den Schutz dieser Aspekte anders. Daraus entsteht ein Security-Profil, das oftmals domänenspezifisch charakteristisch für eine Klasse von Systemen ist.

Ein Security-Profil beantwortet die zwei oben genannten Fragen. Wie gut der Schutz sein muss, lässt sich durch eine Abschätzung des Bedrohungsrisikos feststellen.

So wird sichergestellt, dass erprobte, standardisierte Verfahren aufeinander abgestimmt eingesetzt und korrekt konfiguriert werden und ein kontinuierlicher Verbesserungsprozess auch über System- und Unternehmensgrenzen hinweg besteht.

Fehlende Standards in der Automotive IT

In anderen Branchen gibt es bereits zahlreiche Ansätze und ähnliche Erfahrungen, die eine gute Grundlage für das weitere Vorgehen liefern. Für den Teilbereich Evaluierung und Assurance bieten etwa die Common Criteria (CC) einen detaillierten und international anerkannten Rahmen.

Der IT-Grundschutz des Bundesamts für Sicherheit in der Informationstechnik (BSI) enthält einfache Regeln, um in IT-Systemen Sicherheitsmaßnahmen nach dem aktuellsten Stand der Technik zu identifizieren und umzusetzen. Und im Bereich der Automatisierungstechnik beschäftigt sich der IEC 62443-Standard mit Security-Level für Produkte und IT-Systeme.

Auch die Autoindustrie hat Standards und strenge Regeln eingeführt. Nicht zuletzt existiert mit der ISO 26262 ein für den Automobilbereich zugeschnittenes, umfangreiches Regelwerk mit verschiedenen Automotive Safety Integrity Level (ASIL) und Prozessvorgaben.

Allerdings existiert bisher kein Verfahren, das direkt auf den Automotive-Security-Bereich angepasst und über den ganzen Lebenszyklus anwendbar ist, sagt Wollinger. Weder in Europa, Asien oder Nordamerika. Fragt man aber die Autohersteller, so wird auf firmeninterne Schutzklassen hingewiesen. Unsere Systeme sind sicher, heißt es. Die Betonung liegt auf „unsere", also auf proprietären Systemen. Den größten Nutzen bringen aber nur Sicherheitskonzepte, die branchenweit angenommen und über Standards harmonisiert werden, mahnt Security-Experte Dr. Marco Wolf von Escrypt. Gremien wie ISO, Autosar oder SAE sind international etabliert, um ein abstrahiertes Security-Konzept einzuführen.

Neuland oder dünnes Eis?

Die Automobilentwickler sind erfolgsverwöhnt, „overconfident", wie es beispiels-

Bild 1
Vorstufen des automatisierten Fahrens: eine der grundlegenden Herausforderungen ist, den Fahrer und sein Verhalten zu detektieren
(Bild © Bosch)

weise Frank Lehmann im Rahmen eines Interviews formuliert hat.

Der Halbleiter-Experte von Freescale betont, dass dieses Selbstbewusstsein zwar bisher berechtigt und nachvollziehbar ist, doch durchaus mit den Herausforderungen der kommenden Jahre in Frage zu stellen ist. Denn beispielsweise mit dem Einzug von Consumer-Elektronik (CE) ins Automobil kommen neue Player in die Prozesskette – Lieferanten und Systeme, die nicht in allen Fällen die strengen und weltweit hochgeachteten Spezifikationen und Tests erfüllen.

Lehmann weiß das. Er ist Sprecher der Halbleiter-Initiative „Consumer-Komponenten in sicheren Automobilanwendungen", die aktuell mit einem Positionspapier zum dringend notwendigen Dialog aufruft und wie im Interview beschrieben, mit Lösungsvorschlägen aufwartet. Consumer-Elektronik kann sicherheitsrelevant sein, beispielsweise bei Kameras, die Verkehrssituationen detektieren. Untergraben die Qualitätswächter hier ihre eigenen Schutzmechanismen? Ein

Brancheninsider weiß von mehreren Vorfällen, die sich häufen und möglicherweise erst in einigen Jahren zu Ausfällen führen werden – oder zum Austausch von CE-Komponenten, die einfach den extremen Temperatur- und Vibrationsbedingungen nur wenige Jahre standhalten. Werden Elektronikbauteile zum Verschleißteil? Dieser Diskussion werden sich die Hersteller stellen müssen, auch wenn sie die Sicherheit um die anfälligen Bauteile sozusagen drum herum bauen. So werden beispielsweise Kameras in Frontscheiben mit lautlosen Lüftern gekühlt.

Neuland betreten die Autohersteller nicht nur in der Zusammenarbeit mit CE-Lieferanten. Wesentlich komplexer gestaltet sich das Zusammenwachsen der Fahrzeugbranche mit IKT-Unternehmen, Telekommunikationsfirmen und Anbietern von Infrastrukturen. Das vernetzte Automobil mit seinen sicherheitsrelevanten Fahrerassistenzsystemen oder das auserkorene automatisiert fahrende Automobil hat dann der

Bild 2
Das Marktpotenzial im Connected-Car-Ausstattungsgeschäft wird sich bis 2020 fast vervierfachen – Sicherheit und automatisiertes Fahren treiben diesen Boom (Quelle: Strategy&)

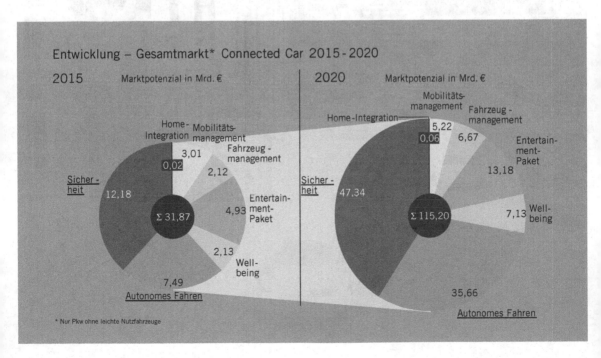

Fahrzeughersteller nicht mehr alleine im Griff, ergänzt der Insider. Die Branche sei beispielsweise abhängig von externem Security-Know-how, das künftig noch mehr als heute von Kritikern aber auch einer breiten Öffentlichkeit kritisch unter die Lupe genommen wird.

Die optimistischen Zeit- und Maßnahmenpläne für das voll- und hochautomatisierte Fahren gilt es diesbezüglich zu prüfen – nicht weil Nörgler oder Bewahrer in die Diskussion eingreifen, sondern weil allein unter technischen Gesichtspunkten Störfaktoren ins Spiel kommen, die die Zeitpläne und Erwartungen der Branchen kreuzen. Overconfident sei nicht mehr angesagt, und das Eis auf dem sich die Autohersteller derzeit in Teilbereichen ihrer Entwicklungen bewegen – so sagt ein sehr skeptischer Branchenexperte – ist derzeit dünn.

Bodenhaftung

Skepsis ist dann eine probate Eigenschaft, wenn sie zu konstruktivem Nachdenken führt, zum iterativen Abwägen und nachhaltigem Handeln. Sie hilft zudem, die Branche vor einem sich abzeichnenden Connected-Car-Hype zu bewahren. Die deutsche Automobilindustrie, die Politik sowie die Medien sind diesbezüglich sehr anfällig. „Was hätte man sich sparen können, wenn man sich vor allem in Deutschland mit dem Thema Elektromobilität frühzeitiger und professioneller auseinander gesetzt hätte", sagt ein Institutsprofessor, der nicht genannt werden will. „Die Kommu-

Bild 3
Car-to-Infrastructure mit einer der größten Herausforderungen bezüglich Security-Themen (Bild © Continental)

Prof. Dipl.-Ing. Andre Seeck, Präsident von Euro NCAP sowie Leiter der Abteilung Fahrzeugtechnik bei der Bundesanstalt für Straßenwesen (BASt)

2 Fragen an ...

ATZelektronik _ Die Entwicklung von Fahrerassistenzsystemen hat technische, aber auch ethische Aspekte. Wer entscheidet beispielsweise, wohin ausgewichen werden muss, wenn mir ein 40-Tonner entgegenkommt, ich aber auf eine Mutter mit Kinderwagen zusteure?

SEECK _ Wie würde heute der Mensch damit umgehen? Er würde reflexartig reagieren, weil er in der Notsituation nicht alle Aspekte richtig abwägen kann. Seine Entscheidung für eine der beiden Lösungen ist letztendlich gesellschaftlich akzeptiert, den Schaden zahlt seine Haftpflichtversicherung – wenn auch menschliches Leid damit nicht kompensiert werden kann. Wenn wir über Hochautomatisierung sprechen, muss die Maschine entscheiden. Diese Dilemmasituation muss der Ingenieur in den Algorithmen vorher aufgelöst haben. Dann ist die Lösung jedoch nicht mehr reflexartig, sondern willentlich programmiert worden. Hierzu brauchen wir eine ethische Debatte, die wir jetzt anstoßen sollten und nicht erst, wenn die ersten Fälle passiert sind. Es bedarf gesellschaftlicher Regeln, die dem Entwickler eine Handreichung bei seiner Arbeit geben.

ATZelektronik _ Die Technik eilt der Legislative voraus. Gibt der Gesetzgeber den Startschuss zum automatisierten Fahren?

SEECK _ Heute wie künftig werden sich Regionen zunächst für das automatisierte Fahren stark machen, es legitimieren und letztendlich damit auch den technischen Reifeprozess begleiten. In Anbetracht des technischen Fortschritts wird der zeitliche Abstand zu den notwendigen Gesetzgebungen kürzer.

Interview: Markus Schöttle

nikatoren haben nun ein neues Thema gefunden", sagt der Institutsleiter, und verweist auf „teilweise sinnlose, in höchstem Maße redundante politische Förderungen, die das Auto vollvernetzen und automatisiert fahren lassen wollen. Mit dieser Kritik will der Professor nicht missverstanden werden: „Ich bin ein Befürworter und kein Gegner der Forschung und Entwicklung von autonom fahrenden und vernetzten Fahrzeugen."

In den Vorbereitungen der „1. Internationalen ATZ-Fahrerassistenztagung – von der Assistenz zum automatisierten Fahren" könnte es bereits zu einem Abwägungsprozess kommen. Entsprechend wird das Programm erstellt. Zudem wird die technische Reife heutiger und künftiger Fahrerassistenzsysteme auf den Prüfstand gestellt. Der Zeitplan der technischen Serienentwicklungen lässt sich sicher präzise aufzeigen. Voraussichtlich können die Ingenieure diesen auch zuverlässig einhalten. Nicht so gut einschätzbar sind andere Aspekte und Faktoren, die es abzuwägen gilt: Wie wird der Autoverkäufer auf diese ausgelobte FAS-Zukunft vorbereitet? Wird ein repräsentativer Anteil der Autokäufer sich für die Systeme überhaupt entscheiden? Wie werden sich die Märkte diesbezüglich entwickeln?

Der 20-köpfige Beirat der Fachtagung identifiziert gesellschaftsrelevante und ethische Fragestellungen, nicht zuletzt auch rechtliche Rahmenbedingungen. Alle diese Faktoren, Safety und Security vorausgesetzt, werden den Zeitplan in Richtung des automatisiert fahrenden Automobils mitbestimmen. Zur Bodenhaftung zählt auch, Bedenkenträgern zu begegnen. Einer von ihnen ist Dr. Günter Reichart, der ehemalige E/E-Architekt bei BMW. Er hat sich die Zuverlässigkeitswerte menschlichen Handelns angeschaut. 90 % der Unfälle lassen sich auf menschliches Versagen zurückführen, dieser Wert ist anscheinend gesetzt. Reichart stellt diesen zu Recht in Frage. Unter anderem sei nicht bekannt, wie viele Unfälle der Fahrer durch eigenes Können vermieden habe.

Das automatisiert fahrende Fahrzeug ist dem Menschen überlegen, aber nur möglicherweise – solange der Fahrer nicht, wie in Szenarien durchgespielt, die Kontrolle immer mal wieder übernehmen muss. Reichart gibt zu bedenken: „Im autonom fahrenden Fahrzeug verliert der Mensch mit der Zeit seine Fahrfertigkeit und Reaktionsbereitschaft sowie sein Situationsbewusstsein." Kann das die Technik auffangen? Die Diskussion bleibt spannend.

Teil 2

Effiziente Antriebe

Inhaltsverzeichnis

Der elektrische Antriebs-baukasten von Volkswagen

DIPL.-ING. HANNO JELDEN | DIPL.-ING. PETER LÜCK | DIPL.-ING. GEORG KRUSE | DIPL.-ING. JONAS TOUSEN

Volkswagen hat einen modularen Baukasten entwickelt, dessen Komponenten den Aufbau unterschiedlich elektrifizierter Antriebssysteme für Hybrid- und Elektrofahrzeuge ermöglichen. In den neuen, rein elektrisch betriebenen Fahrzeugen e-up! und e-Golf von Volkswagen wird der Baukasten das erste Mal angewendet.

© Springer Fachmedien Wiesbaden 2015, W. Siebenpfeiffer (Hrsg.),
Fahrerassistenzsysteme und Effiziente Antriebe, ATZ/MTZ-Fachbuch, DOI 10.1007/978-3-658-08161-4_1

Motivation

Die Reduzierung des Kraftstoffverbrauchs und damit der CO_2-Emissionen ist eines der wesentlichen Ziele bei der Entwicklung von neuen Fahrzeugantrieben. Auch zukünftig besteht durch die kontinuierliche Weiterentwicklung von Verbrennungsmotoren und Getrieben noch Reduktionspotenzial, darüber hinaus ermöglicht die Elektrifizierung der Antriebssysteme bei Hybrid- und reinen Elektrofahrzeugen eine weitere, deutliche Verringerung der CO_2-Emissionen, **Bild 1**. Im Herbst 2013 kam der e-up! als erstes rein elektrisch betriebenes Serienfahrzeug von Volkswagen auf den Markt, der e-Golf folgt im Frühjahr 2014. Hier kommen von Volkswagen entwickelte und produzierte elektrische Antriebe zum Einsatz [1, 2, 3], über die nachfolgend berichtet wird.

Modulbaukasten für elektrische Antriebe

Die Kundenanforderungen an elektrifizierte und konventionelle Fahrzeuge sind grundsätzlich vergleichbar – bezüglich der Lebensdauer, der Zuverlässigkeit und der Sicherheit sind diese identisch. Von einem Volkswagen wird darüber hinaus Fahrspaß und Fahrkomfort, verbunden mit einer guten Akustik, erwartet. Die neuen Antriebssysteme müssen wirtschaftlich attraktiv sein und niedrige Energieverbräuche beziehungsweise ein hohes Kraftstoff-Substitutionspotenzial durch die Nutzung elektrischer Energie ermöglichen.

Volkswagen entwickelt die Antriebskomponenten als Module, die es erlauben, auf Basis eines Baukastenansatzes in unterschiedlichen Hybrid- und Elektrofahrzeugen ohne oder nur mit geringer Modifikation der Komponenten eingesetzt werden zu können. Die Skalierung von Drehmoment und Leistung erfolgt durch Längenvariation der Aktivteile der E-Maschine, wobei die Windungszahl und die Phasenströme sowie die Stromtragfähigkeit der Leistungselektronik entsprechend angepasst werden.

Hinsichtlich des Aufbaus der elektrischen Maschine und der Leistungselektronik werden Basismodule und projektspezifische Umfänge unterschieden, **Bild 2**. Bei der E-Maschine zählen die Wicklungen, der Blechschnitt, die Isolation, das Rotorkonzept und die Rotorlagesensorik zu den

Bild 1
Elektrifizierungsgrad und CO_2-Minderungspotenzial elektrischer Antriebssysteme

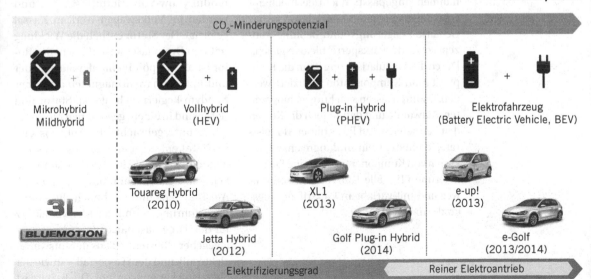

Basismodule E-Maschine

: Wicklung

: Blechschnitt

: Isolation

: Rotorkonzept

: Lagesensor

Basismodule Leistungselektronik

: Leistungsmodule

: Treiberboard

: Steuerplatine

: DC/DC-Wandler

: Kondensator

Projektspezifisch:

: Gehäuse; Package

: Elektromagnetische Verträglichkeit (EMV)

: Kühlungsschnittstelle

: HV-/NV-Interface; HV-/NV-Kabel

Bild 2
Baukasten – Modularisierung der E-Antriebskomponenten

Basismodulen. Bei der Leistungselektronik sind dies die Leistungsmodule, das Treiberboard, die Steuerungsplatine, der DC/DC-Wandler und die Kondensatoren. Für einen Fahrzeugeinsatz werden dann – falls erforderlich – projektspezifisch das Gehäuse, die Kühlungsschnittstelle, die Hochvolt(HV)- und Niedervolt(NV)-Schnittstellen sowie EMV-Maßnahmen angepasst. Wichtige mechanische Baugruppen des Getriebes, wie das Gehäuse-, Lagerungs- und Beölungskonzept sowie die Parksperre, bleiben gleich. Durch die Modularisierung kann die Komplexität an Komponenten reduziert werden. Dadurch lassen sich Entwicklungszeiten, Aufwände und damit auch die Kosten deutlich senken. Auf Basis dieser Modulstrategie entsteht ein umfangreicher Baukasten von Komponenten, der eine Elektrifizierung über alle Fahrzeugklassen hinweg und mit variablem Elektrifizierungsgrad ermöglicht.

Elektromaschine

Die Elektromotoren des Volkswagen e-up! und des e-Golf sind permanenterregte, dreiphasige Synchronmaschinen mit fünf Polpaaren und einer maximalen Antriebsdrehzahl von 12.000/min. Sie bestehen aus den Hauptbaugruppen Motorgehäuse, Stator, Rotor und Niedervoltmodul (Low-Volt Modul), **Bild 3**, und werden im Volkswagen-Werk in Kassel gefertigt. Der Stator enthält die Wicklung mit den Dreiphasenanschlüssen, der Rotor ist als Vollpolinnenläufer ausgebildet und mit Permanentmagneten aus einer Neodym-Legierung bestückt. Stator und Rotor sind in einem gegossenen Motorgehäuse untergebracht. Die Abtriebsseite (A-Seite) enthält ein eingegossenes Lagerschild, die Nicht-Abtriebsseite (B-Seite) hat ein geschraubtes Lagerschild. Am B-Lagerschild sind auch die Kabeldurchführungen und der Klemmenklotz für den Dreiphasenanschluss, der Rotorlagegeber – bestehend aus der Auswerteelektronik und dem Geberrad – sowie der Signalstecker angeordnet. Die B-Seite ist

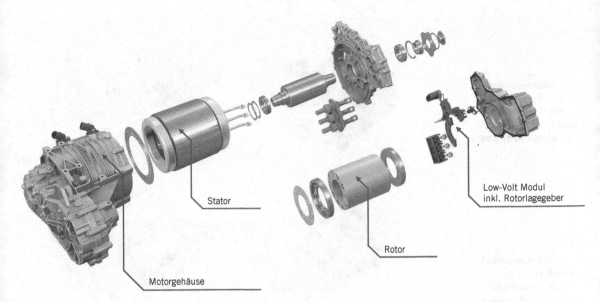

Stator

Low-Volt Modul
inkl. Rotorlagegeber

Rotor

Motorgehäuse

Bild 3
Hauptbaugruppen
der E-Maschine

durch den Lagerschilddeckel geschlossen, der über einen Sicherheitskontakt zum Schließen einer Pilotlinie (Sicherheitskreis) verfügt. Über einen Stecker werden die Signale des Rotorlagegebers, des Temperatursensors der Wicklung sowie des Sicherheitskontakts der Pilotlinie an die Leistungselektronik übertragen.

Motorgehäuse

Das Motorgehäuse besteht aus einer Aluminiumlegierung und ist im Kokillen-Gussverfahren hergestellt. Es enthält einen eingegossenen Kühlmantel mit einer speziellen Wabenstruktur für die Flüssigkeitskühlung, die den Sitz des Stators umgibt, **Bild 4**. Hierdurch wird eine sehr gleichmäßige Strömungsführung mit einer großen Flächenbenetzung erreicht, die ein günstiges Verhältnis von Wärmestromdichte zu Druckverlust ergibt. Das Kühlsystem wird mittels geschraubter Stutzen und Schläuchen angeschlossen. Das Fügen des fertigen Stators mit dem Motorgehäuse erfolgt von der B-Seite her im Schrumpfverfahren.
Besonderes Augenmerk wurde auf die konstruktive Gestaltung des An-

triebsgehäuses gerichtet und die Topologie unter Berücksichtigung der Verformungseigenschaften optimiert. Die Struktur des zweiteiligen Gehäuses ist durch die Integration eines Teilumfangs des Getriebes in das E-Maschinengehäuse sowie zusätzliche, gezielte Materialverstärkungen wie die umlaufenden Akustikrippen besonders steif ausgeführt. Daher konnte die Körperschallabstrahlung deutlich verringert werden. Zur Minimierung der Anregung beziehungsweise Verbesserung des akustischen Verhaltens wurden zudem die Wellenlagerungen und die Verzahnungen konstruktiv und fertigungstechnisch optimiert.

Stator

Der Stator besteht im Wesentlichen aus dem Blechpaket und der Dreiphasenwicklung. Das Blechpaket ist aus einzelnen, gestanzten und geschichteten Lamellen mit einem Außendurchmesser von 220 mm aufgebaut, **Bild 5** und **Bild 6**. Das zur Herstellung der Lamellen verwendete Blech hat eine hohe magnetische Leitfähigkeit und ist beidseitig mit

einer elektrisch isolierenden Beschichtung versehen. Das Stator-Gesamtblechpaket wird aus fünf Teilpaketen aufgebaut, die beim Zusammenfügen versetzt werden. Dadurch wird der Einfluss der Walzrichtung des Blechmaterials auf die Homogenität des Magnetdrehfelds reduziert. Die Lamellen erhalten beim Stanzen vorgeprägte Nocken, die beim Schichten der Lamellen zu Paketen ineinandergreifen. Dieser Stanzpaketierprozess verhindert auf diese Weise ein Verdrehen der Einzelbleche.

Zur Herstellung der Dreiphasenwicklung sind insgesamt 15 Spulen nötig, die je vier

der insgesamt 60 Nuten im Stator füllen. Das Wickeln und Einziehen der Spulen in die Statornuten erfolgt automatisch in einer speziellen Fertigungseinrichtung. Der so aufgebaute Stator erhält im Wickelkopf eine Ausformung für den Temperatursensor. Zur zusätzlichen Isolierung, verbesserten thermischen Anbindung und Festigkeit der Wicklung erhält der Stator eine Imprägnierung in einem Tauchbad mit Imprägnierharz im Strom-UV-Verfahren. Der fertige Stator durchläuft automatisierte Prüfverfahren und wird ebenfalls automatisch mit dem Motorgehäuse im Schrumpfverfahren gefügt.

Rotor

Der Rotor besteht aus der Rotorwelle, dem Blechpaket mit den eingebetteten Permanentmagneten, den Wuchtscheiben und dem Geberrad für die Rotorlagesensorik. Das Rotorblechpaket ist aus sechs verschiedenen, geschichteten Teilpaketen aufgebaut. Die Stirnseiten des Rotors sind mit den Wuchtscheiben abgeschlossen und mit fünf durch das Blechpaket hindurchführende Spann-

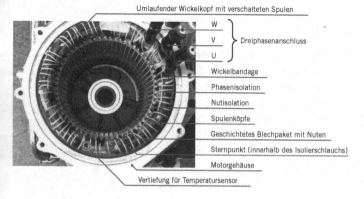

Umlaufender Wickelkopf mit verschalteten Spulen

W
V   Dreiphasenanschluss
U

Wickelbandage

Phasenisolation

Nutisolation

Spulenköpfe

Geschichtetes Blechpaket mit Nuten

Sternpunkt (innerhalb des Isolierschlauchs)

Motorgehäuse

Vertiefung für Temperatursensor

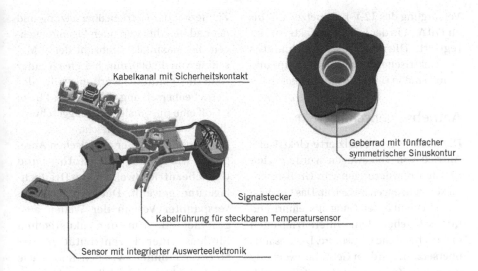

Kabelkanal mit Sicherheitskontakt

Geberrad mit fünffacher
symmetrischer Sinuskontur

Signalstecker

Kabelführung für steckbaren Temperatursensor

Sensor mit integrierter Auswerteelektronik

Bild 7
Rotorlagegeber,
Low-Volt Modul
und Geberrad

schrauben miteinander verbunden. Das Rotorblechpaket mit den vergrabenen Magneten ist automatisiert vorgefertigt und mit der Rotorwelle im Schrumpfverfahren verbunden, **Bild 5**.

Die Rotorwelle ist als Hohlwelle ausgeführt und wird im Pressverfahren aus drei Teilen gefügt. Zur Verbindung mit der Getriebeeingangswelle ist eine Innenlängsverzahnung eingearbeitet. Die Wellen sind in einer Dreifachlagerung angeordnet und mit reibungsoptimierten Rillenkugellagern versehen. Dies ermöglicht eine weitere Verringerung der mechanischen Verluste.

Low-Volt Modul

Die Ansteuerung der E-Maschinen durch die Leistungselektronik erfordert die Erfassung der Rotorstellung, damit die Dreiphasenwicklung im Stator entsprechend angesteuert werden kann. Dazu ist ein Rotorlagegeber, bestehend aus der Auswerteelektronik und dem Geberrad, **Bild 7**, an der B-Seite der E-Maschine montiert.

Das Low-Volt Modul dient zusätzlich als Träger für den Sicherheitskontakt der Pilotlinie im Lagerschilddeckel sowie als Kabelführung. Es fasst und führt die Leitungen des Sicherheitskontakts, der Auswerteeinheit des Rotorlagegebers und des Temperatursensors und stellt sie zum Anschluss am Signalstecker zur Verfügung. Zudem kontaktiert es die Leitungsabschirmungen über eine Schelle mit einer Schraube im umgebenden Motorgehäuse.

Leistungselektronik

Die Leistungselektronik ist mit der E-Maschine über die Dreiphasenkabel und mit der Hochvoltbatterie über zwei Traktionsleitungen verbunden. Der zulässige Spannungsbereich für die DC-Spannung liegt im Bereich von 250 bis 430 V, im e-up! werden abhängig von der Batteriespannung 296 bis 418 V, im e-Golf 255 bis 360 V genutzt. Im Motorbetrieb wandelt die Leistungselektronik den Gleichstrom über Hochleistungstransistoren in dreiphasigen Wechselstrom mit variabler Frequenz und Amplitude. Im Generatorbetrieb erfolgt die Gleichrichtung des Wechselstroms zum Laden der Hochvoltbatterie. Der maximale Phasenstrom der Leistungselektronik beträgt 450 A, im e-up! ist dieser auf 380 A und im e-Golf auf 430 A begrenzt. Der DC/DC-Wandler für die potenzialgetrennte

Versorgung des 12-V-Bordnetzes mit bis zu 170 A ist in der Leistungselektronik integriert. Die wichtigsten Kenndaten der elektrischen Antriebe für e-up! und e-Golf sind in Bild 8 zusammengefasst.

Antriebseigenschaften

Der erste eigenproduzierte elektrische Antrieb von Volkswagen wurde gezielt für die Anforderungen von Großserien-Elektrofahrzeugen ausgelegt. Das Getriebe ist mit einem festen Gang ausgeführt und umfasst neben dem Differenzial auch die mechanische Parksperre. Die Gesamtübersetzung wird im Getriebe zweistufig über eine Zwischenwelle mit Stirnradantrieb erreicht.

Beim e-up! wurde zugunsten des akustischen Verhaltens eine Übersetzung von 8,16 gewählt. Bei der maximalen Fahrzeuggeschwindigkeit von 130 km/h wird dadurch nur noch eine E-Maschinendrehzahl von etwa 10.000/min genutzt. Durch diese Auslegung konnten eine überlagerte Anregung der Eigenfrequenzen von E-Maschine und Getriebe reduziert und eine weitere akustische Optimierung des Antriebsstrangs erreicht werden. Beim Antriebsstrang des e-Golf kann aufgrund der höheren Masse der E-Maschine, einer anderen

Zähnezahl der Getriebeübersetzung und der dadurch differierenden Eigenfrequenzen die maximale Drehzahl der E-Maschine von 12.000/min bei gleich guter Akustik genutzt werden. Mit der Getriebeübersetzung von 9,76 wird beim e-Golf eine maximale Fahrzeuggeschwindigkeit von 140 km/h erreicht.

Zur Minimierung der akustischen Anregung wurde für die Rotor- und Getriebeantriebswelle eine Dreifachlagerung gewählt. Dadurch wird ein verspannter Verbau der Wellen ausgeschlossen. Um den akustischen Einfluss einer Exzentrizität in der Steckverzahnung zwischen Rotorwelle und Getriebeantriebswelle zu reduzieren, wurden die Montagetoleranzen eingeengt, das heißt alle Lagersitze sowie der Statorraum werden im gefügten Zustand in einer Aufspannung bearbeitet. Besonderer Wert wurde auch auf die Verzahnung gelegt, hierbei wurde der Zahneingriff optimiert und die Verzahnungsqualität entsprechend verbessert.

Fahrspaß und Effizienz

Die elektrische Maschine erreicht im Volkswagen e-up! ein maximales Drehmoment von 210 Nm und eine maximale

Leistungselektronik

Getriebe

Elektrische Maschine

Bild 8
Kenndaten der elektrischen Antriebe für VW e-up! und VW e-Golf

Technische Daten	e-up!	e-Golf
Elektrische Maschine		
Permanenterregte Synchronmaschine		
Leistung [kW]	60	85
Drehmoment [Nm]	210	270
Max. Drehzahl [1/min]	10.000	12.000
Getriebe		
Zweistufiges Stirnradgetriebe		
Übersetzung	8,16	9,76
Leistungselektronik		
Spannungsbereich [V]	296-418	255-360
Max. Strom [A]	380 (450)	430 (450)
Frequenz [kHz]	9 bzw. 10	

Leistung von 60 kW, beim e-Golf werden 270 Nm und 85 kW umgesetzt. Die dargestellte Beschleunigung ist im Vergleich zu konventionellen Antrieben beeindruckend, da die überlegene Anfahrleistung durch die hohen Drehmomente der E-Maschinen bereits ab Drehzahl Null zur Verfügung steht.

Durch einen hohen Anteil an Reluktanzmoment kann die maximale Leistung ab der Nenn- bis zur Maximaldrehzahl abgegeben werden. Die Antriebe wurden zudem so ausgelegt, dass die volle Leistungsfähigkeit im gesamten Spannungsbereich gegeben ist, auch dann, wenn die Traktionsbatterie einen niedrigen Ladezustand aufweist. Dadurch kann stets ein reproduzierbares Fahrverhalten gewährleistet werden, beispielsweise für Überholvorgänge im Überlandbetrieb.

Die Auslegung der Antriebe erfolgte auf der Grundlage einer detaillierten Bewertung der Energiedurchsätze im E-Maschinen-Kennfeld für diverse Fahrzyklen. In **Bild 9** sind als Beispiel die Ergebnisse im sogenannten Braunschweig-Zyklus angegeben. Im Vergleich zu anderen E-Maschinen mit vergleichbarer Leistung sind die Phasenströme bei gleichem Achsmoment etwa 10 % geringer, wodurch sich auch die ohmschen Verluste entsprechend verringern. Schon bei der Magnetkreisauslegung wurde

die Polpaarzahl so gewählt, dass das Fahrzeug in innerstädtischen Arbeitspunkten einen Effizienzvorteil gegenüber anderen Auslegungen hat. Die Wirkungsgrade liegen in einem weiten, kundenrelevanten Kennfeldbereich deutlich oberhalb von 90 %.

Dadurch und durch fahrzeugseitige Maßnahmen erreichen die Fahrzeuge im Kundenbetrieb attraktive Fahrleistungen und bieten ein hohes Maß an Fahrspaß bei einem für den gesamten Markt wegweisenden geringen Energieverbrauch. Im Wettbewerb der im Markt befindlichen E-Fahrzeuge ist der e-up! mit einem Energieverbrauch von 11,7 kWh/100 km Effizienzweltmeister.

Antriebssteuerung

Die Antriebssteuerung im Volkswagen e-up! und e-Golf ist ebenfalls modular aufgebaut und wurde basierend auf einheitlichen Funktionspaketen entwickelt, die im gesamten Volkswagen-Konzern zum Einsatz kommen. Die Steuerung berücksichtigt dabei alle Momentenanforderungen, die vom Fahrer, der Getriebesteuerung und der Betriebsstrategie einschließlich der Rekuperation gestellt werden. Des Weiteren werden die Momenteneingriffe der Fahrzeug-Assistenzsysteme und der

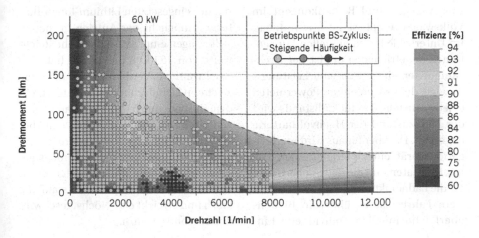

Bild 9
Betriebspunkte des Braunschweig-Zyklus (BS-Zyklus) im Wirkungsgradkennfeld des e-up!-Elektroantriebs

Bremsensteuerung koordiniert. Die Software ist für alle neuen Antriebsstränge durch entsprechende Skalierung einsetzbar, sodass auf einer gleichen Basis unter Nutzung der jeweils erforderlichen Module sowohl konventionelle als auch unterschiedlich elektrifizierte Fahrzeuge betrieben werden können.

Eine speziell entwickelte Antiruckelregelung dämpft mögliche Antriebsstrangschwingungen, die insbesondere bei großen Radmomenten und ungünstiger Straßenbeschaffenheit mit niedrigem Reibwert (bei Nässe, Schnee, welligem Belag, Kopfsteinpflaster) auftreten können. Hierzu werden in der Leistungselektronik die Drehzahl der E-Maschine und die Signale des ESP-Steuergeräts durch ein Antiruckelmodell bewertet. Daraus ergibt sich ein entsprechendes Dämpfungsmoment, das dem Sollmoment überlagert wird. Über die für E-Fahrzeuge neuartige Antiruckelfunktion werden Triebstrangschwingungen erfolgreich bedämpft und ein Aufschwingen des Triebstrangs wird verhindert. Dies führt zu reduzierten Torsionsbelastungen des Antriebsstrangs und damit auch zu einer deutlichen Steigerung des Fahrkomforts.

Anzeige- und Bedienkonzept

Das Anzeige- und Bedienkonzept im Volkswagen e-up! ist intuitiv nutzbar. Im Unterschied zum aktuellen konventionell angetriebenen up! ist der Drehzahlmesser hier durch eine Leistungsanzeige, dem sogenannten Powermeter, ersetzt. Anstelle des Tankfüllstands wird der Ladezustand der Hochvoltbatterie angezeigt. Darüber hinaus wird im Navigationsgerät eine Energieflussanzeige mit Fahrdaten und die Bedienoberfläche für die Ladefunktionen dargestellt. Dem Fahrer ist es über die Bedienoberfläche möglich, individuelle Ein-

stellungen vorzunehmen. Beispielsweise kann er ein Fahrprofil auswählen, um den Energieverbrauch des Fahrzeugs zu beeinflussen. Folgende Profile sind einstellbar:

- Normal: maximale Antriebsleistung, verbrauchsoptimierter Klima-/Zuheizbetrieb
- Eco: reduzierte Antriebsleistung, reduzierte Klimaleistung
- Eco+: deutlich reduzierte Antriebsleistung, Klimatisierung/Zuheizer deaktiviert.

Durch eine „Kick-down"-Betätigung des Fahrpedals kann auch in den Modi Eco und Eco+ jederzeit die volle Antriebsleistung, beispielsweise für Überholvorgänge, aktiviert werden. Mit dem Fahrmodi-Wählhebel kann zudem das Rekuperationsmoment bei entlastetem Fahrpedal in vier Stufen eingestellt werden. Damit lässt sich die Verzögerungswirkung an den individuellen Fahrstil anpassen.

Zusammenfassung

Die elektrischen Antriebe von Volkswagen bestehen aus einer hocheffizienten permanenterregten Synchronmaschine, einem reibungsoptimierten Eingang-Getriebe, einer hochkompakten Leistungselektronik sowie einer innovativen Antriebssteuerung. In Kombination mit der eingesetzten Lithium-Ionen-Batterie ermöglicht der Antrieb im neuen Volkswagen e-up! eine elektrische Reichweite von 160 km, der e-Golf hat eine Reichweite von 190 km. Die Fahrzeuge zeichnen sich darüber hinaus durch ein dynamisches und reproduzierbares Fahrverhalten aus. Der Volkswagen e-up! beschleunigt in 12,4 s aus dem Stand auf 100 km/h und erreicht eine Höchstgeschwindigkeit von 130 km/h, der e-Golf beschleunigt in weniger als 11 s auf 100 km/h und erreicht eine Höchstgeschwindigkeit von 140 km/h.

Die Antriebssysteme im Volkswagen e-up! und e-Golf sind Bestandteile eines modularen Baukastens, dessen Komponenten den Aufbau unterschiedlich elektrifizierter Antriebssysteme für Hybrid- und Elektrofahrzeuge ermöglichen. Auch die Steuerungssoftware für die neuen Antriebe wird von einem modularen Ansatz abgeleitet. Der Baukasten für elektrifizierte Antriebsstränge stellt die konsequente Weiterführung des Modularisierungsansatzes für neue Fahrzeuge von Volkswagen dar. Damit können Aufwände und Kosten deutlich gesenkt werden. Dies ist eine wesentliche Voraussetzung für die Steigerung der Marktdurchdringung von Hybrid- und Elektrofahrzeugen.

Literaturhinweise

[1] Tousen, J.; Jelden, H.; Lück, P.; Alonso, G.; Kruse, G.: Der modulare E-Antrieb des Volkswagen e-up! 22. Aachener Kolloquium Fahrzeug und Motorentechnik, 2013

[2] Zillmer, M.; Neußer, H.-J.; Jelden, H.; Lück, P.; Kruse, G.: Der Elektroantrieb des Volkswagen e-up! – ein Schritt zur modularen Elektrifizierung des Antriebsstrangs. 34. Internationales Wiener Motorensymposium, 2013

[3] Hadler, J.; Neußer, H.-J.; Jelden, H.; Lück, P.; Tousen, J.: Golf Blue-e-Motion – Der elektrische Volkswagen. 33. Internationales Wiener Motorensymposium, 2012

Leistungsstarke Turboaufladung für Pkw-Dieselmotoren

Dr. Frank Schmitt

Um der steigenden Nachfrage nach geringerem Kraftstoffverbrauch und mehr Leistung nachzukommen, hat BorgWarner eine geregelte Aufladegruppe mit drei Turboladern entwickelt. Das System besteht aus zwei kleinen parallelen Turboladern mit variabler Turbinengeometrie in der Hochdruckstufe und einem größeren Turbolader in der Niederdruckstufe. In enger Zusammenarbeit mit BMW konzipiert, vereint das System die hohe spezifische Leistung einer zweistufigen Aufladung mit den guten Fahreigenschaften, die eine parallel-sequenzielle Aufladung bietet.

© Springer Fachmedien Wiesbaden 2015, W. Siebenpfeiffer (Hrsg.),
Fahrerassistenzsysteme und Effiziente Antriebe, ATZ/MTZ-Fachbuch, DOI 10.1007/978-3-658-08161-4_1

Mehrstufige Aufladungen setzen sich durch

Eine Vielzahl von Verbrennungsmotoren zeichnet sich mittlerweile durch ein hohes Maß an Fahrdynamik in Kombination mit geringem Kraftstoffverbrauch aus. Mit der zweistufigen, geregelten Turboaufladung (R2S) konnte BorgWarner Turbo Systems bereits im Jahr 2004 ein Turboladersystem im Markt etablieren, das die Leistungsdichte von Pkw-Dieselmotoren verbessert [1]. Heute erzielen Vierzylinder-Dieselmotoren mit 2,0 l Hubraum und zweistufiger, geregelter Aufladung eine Nennleistung von bis zu 170 kW, während Sechszylinderaggregate mit 3,0 l Hubraum und R2S-Technologie eine Nennleistung von bis zu 230 kW aufweisen.

Das R2S-System umfasst einen großen Turbolader in der Niederdruckstufe und einen kleineren Turbolader in der Hochdruck(HD)-Stufe [2]. Bild 1 zeigt die schematische Darstellung der zweistufigen Aufladung, wie sie in Nutzfahrzeugen und Pkw mit Dieselmotor zum Einsatz kommt. Im Vergleich zu einer klassischen zweistufigen, geregelten Aufladung verfügt das R2S-System für Pkw-Motoren über eine zusätzliche Bypass-Regelklappe im Niederdruckturbolader sowie über einen Verdichter-Bypass in der Hochdruckstufe. Primäres Ziel der zweistufigen, geregelten Aufladung ist ein höheres Drehmoment im unteren Drehzahlbereich bei gleichzeitiger Steigerung der Nennleistung des Motors. Doch selbst im mittleren Drehzahlbereich ist es möglich, den Mitteldruck beträchtlich zu erhöhen. Lediglich der Turbolader der Niederdruckstufe sorgt bei Nennleistung für den Ladedruck und deckt das gesamte Druckverhältnis ab. Die Hochdruckstufe liegt entsprechend ungenutzt im Bypass. Aus diesem Grund gibt das maximale Druckverhältnis des speziell für hohe Druckverhältnisse und großen Wirkungsgrad entwickelten Verdichters der Niederdruckstufe die Leistung des Motors vor. R2S-typisch reicht die spezifische Leistung bis 85 kW/l.

In R2S-Pkw-Applikationen mit einer höheren spezifischen Leistung erweisen sich einstufige Turbolader, wie sie bei hohen Motorleistungen in diesen Applikationen üblich sind, als unzureichend. Stattdessen machen diese Anwendungen selbst bei Nennleistung eine zweistufige Turboaufladung erforderlich. Zwar genügen zwei Lader – je ein Turbolader für die Niederdruck- und einer für die Hochdruckstufe, die in Serie laufen und mit einem Regelorgan für die Ladedruckregelung versehen sind –, um die angestrebte Nennleistung zu erzielen. Ein verbessertes Drehmoment im unteren Drehzahlbereich und ein bestmögliches transientes Ansprechverhalten bedingen jedoch einen zusätzlichen kleineren Turbolader in der Hochdruckstufe. BorgWarner bezeichnet dieses System mit R3S. Eine entsprechende Gegenüberstellung der Turboladersysteme zeigen Bild 1 und Bild 2. Weil der Lader auch bei Nennleistung funktionstüchtig sein und zum Ladedruck beitragen muss, bietet sich für die Hochdruckstufe die parallel-sequenzielle Aufladung an. Bei hohen Motordrehzahlen teilt sich der Abgasmassenstrom dabei auf zwei parallel laufende Turbolader auf, die folglich genügend Energie bereitstellen können, um in der Hochdruckstufe zwei Verdichter parallel antreiben zu können. Bild 2 zeigt den Mitteldruckverlauf unterschiedlicher Turboladersysteme. Das neue R3S-System setzt einen neuen Maßstab beim Mitteldruckverlauf und stellt so eine Herausforderung für neue Entwicklung neuer Turboladerkomponenten dar.

Geregelte Aufladegruppe mit drei Turboladern

Entwicklungsziel bei Downsizing-Dieselmotoren mit dem neuen R3S-Turbolader-

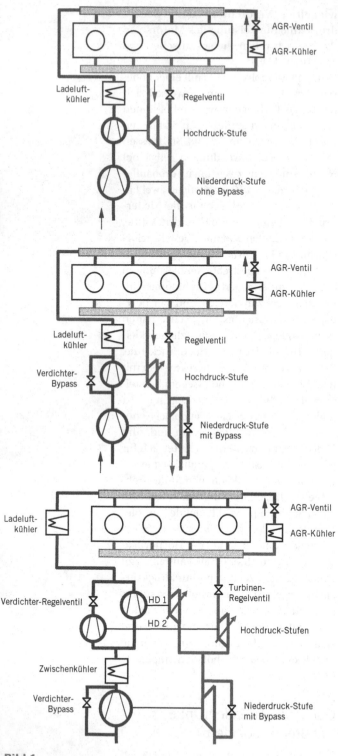

Bild 1
Aufbau des R2S-Turboladersystems für Diesel-Nutzfahrzeuge (permanent zweistufig, oben), des R2S-Systems für Pkw (Mitte) und des geregelten Systems mit drei Turboladern (R3S-System, unten)

system, Bild 3, ist, dass sie der Leistung, dem Drehmoment und dem Komfort von Motoren mit mehr Hubraum oder einer größeren Anzahl von Zylindern entsprechen. Gleichzeitig sollen auch der geringe Kraftstoffverbrauch sowie das Gewichts-Leistungs-Verhältnis bestehender Dieselmotoren erreicht werden. Das neue R3S-Turboladersystem setzt sich aus einem großen Niederdruckturbolader und zwei parallelen Turboladern in der Hochdruckstufe zusammen. Bild 4 zeigt das Funktionsprinzip der Turbolader sowie zusätzlicher Kernkomponenten des R3S-Systems in verschiedenen Betriebsmodi. Die Ansaugluft dringt in den Verdichter der Niederdruckstufe ein. Weil dieser die Ansaugluft bei geringer Drehzahl beziehungsweise im niedrigen Lastbereich kaum vorverdichtet, sondern lediglich drosselt, kann der Verdichter in diesem Betriebsmodus optional umgangen werden. Um die Ladelufttemperatur zu reduzieren, fließt die Ansaugluft durch einen in das Verdichtergchäuse der Niederdruckstufe integrierten Ladeluftkühler. Abhängig vom Betriebsbereich wird die Ansaugluft anschließend in einem Verdichter (Betriebsmodus 2 in Bild 4) oder in beiden Verdichtern der Hochdruckstufe (Betriebsmodus 3 in Bild 4) weiter verdichtet. Nach der Kühlung im Hauptladeluftkühler gelangt die Ladeluft schließlich über den Ansaugtrakt in den Verbrennungsraum.

Um einen spontanen Aufbau des Ladeluftdrucks und ein optimales dynamisches Ansprechverhalten sicherzustellen, fließt das Gas abgasseitig bei geringen Drehzahlen und niedriger Motorlast lediglich durch eine der beiden Turbinen der Hochdruckstufe (Betriebsmodus 1 in Bild 4). Während bei mittleren Motordrehzahlen genügend Abgasmassenstrom vorhanden ist, um zusätzlich zum Ladedruck in der Hochdruckstufe auch bereits Ladedruck im Verdichter der Niederdruckstufe zu generieren (Betriebs-

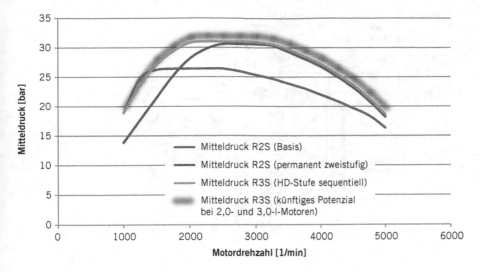

Bild 2
Mitteldruckkennlini-
en der R2S- und
R3S-Turbolader-
systeme

modus 2 in Bild 4), öffnet sich bei höheren Abgasmassenströmen eine Abgasregelklappe und damit eine zweite parallele
Zuleitung, mit deren Hilfe sich der Abgas-
gegendruck verringert (Betriebsmodus 3 in
Bild 4). Anschließend entspannt sich das
Abgas in der Niederdruckstufe weiter, bevor es abschließend der motornahen Abgasnachbehandlung zugeführt wird. Um
die Ladedruckregelung zu optimieren,
öffnet sich im Umschaltbereich zwischen
dem zweiten und dritten Turbolader beziehungsweise zur Entlastung in der

Nennleistungsspanne das Wastegate der
Niederdruckturbine.

Neue Turboladerkomponenten

Die Anwendung eines R3S-Turbolader-
systems in Dieselmotoren bedingt einige
Modifikationen des Motors, beispielsweise ein neues Einspritzsystem für eine
vergrößerte Einspritzmenge und einen
angepassten Zylinderkopf für höhere Zy-
linderdrücke [3, 4]. Im Rahmen der Integration eines R3S-Systems müssen bezüg-

Bild 3
Das R3S-System
mit drei Abgastur-
boladern

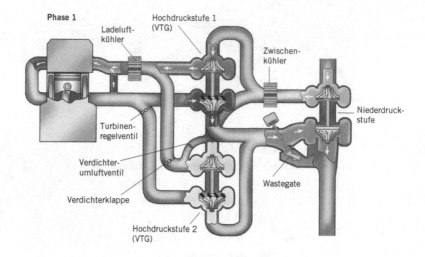

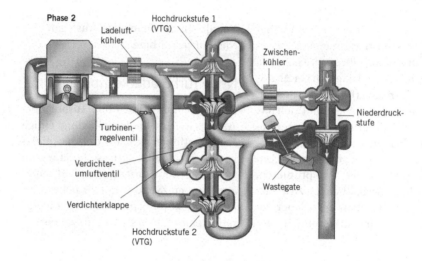

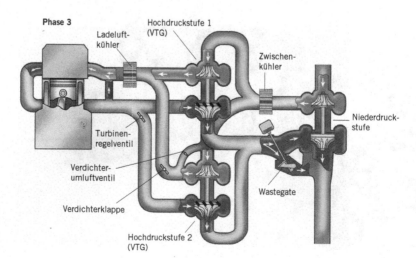

Bild 4
Betriebsmodi des R3S-Turbolader-systems

lich des Turboladers verschiedene sehr wichtige Weiterentwicklungen berücksichtigt werden. Weil mithilfe von Regelungssystemen die optimale Leistung sichergestellt wird, verfügt das R3S-Turboladersystem beispielsweise über ein neuartiges Regelventil mit optimalem Dichtverhalten, das nur minimale Leckage(mengen) zulässt. Für ein verbessertes transientes Verhalten sorgen indessen Turbolader mit variabler Turbinengeometrie (VTG) in der Hochdruckstufe. Da einer der VTG-Turbolader in der Hochdruckstufe nicht permanent rotiert, wurde zudem ein spezielles Dichtsystem eingeführt, um ein Ölen sowie hohe Blowby-Werte des Turboladers zu verhindern. Einen weiteren zentralen Aspekt stellt die Verdichter-Austrittstemperatur dar. Weil eine hohe Verdichter-Austrittstemperatur zur Verkokung der Blow-by-Gase in der Verdichterspirale führen kann, reduziert ein wassergekühlter Verdichter die Temperatur direkt im Austritt der Niederdruckstufe. Zusätzlich kommt zwischen dem Verdichter der Niederdruckstufe und der Hochdruckstufe ein Zwischenkühler zum Einsatz.

Regelventil

Aufgrund der besonderen Bedeutung von Regelventilen für die Motordynamik verlangt vor allem die umfassende Abdichtung der Abgasregelklappe in geschlossener Stellung große Aufmerksamkeit. Die sogenannte Kugel-Kegel-Gestaltung, dargestellt in **Bild 5**, ermöglicht eine flexiblere Verbindung im Klappensitz. Sie besteht aus einem kugelförmigen Bauteil in der Klappe sowie einem Kegel im Hebel. Das Kugel-Kegel-Konzept sorgt damit dafür, dass toleranzbedingte Positionsabweichungen der Klappe oder des Klappensitzes nahezu optimal ausgeglichen werden können.

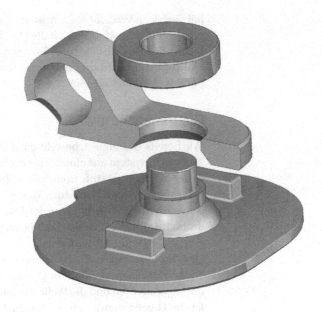

Bild 5
Das neue Regelventil mit verbesserten Dichteigenschaften

Verdichteranwendungen

Die Anforderungen an einen Turbolader der Hochdruckstufe unterscheiden sich maßgeblich von denen einer einstufigen Applikation. So muss der Bereich des maximalen Wirkungsgrads hin zu geringen Druckverhältnissen optimiert werden, weil unter stationären Bedingungen über die gesamte Volllastkurve und auch unter Teillast ein eher niedriges Druckverhältnis herrscht. **Bild 6** zeigt die Wirkungsgradsteigerung des neuen Verdichters bei niedrigen Druckverhältnissen (rote Linien). Dennoch muss der Verdichter während des transienten Betriebs den gesamten Drehzahlbereich abdecken, da der Turbolader der Hochdruckstufe unter diesen Bedingungen solange den größten Teil des benötigten Ladedrucks liefern muss, bis der Turbolader der Niederdruckstufe, der eine viel größere Massenträgheit und ein größeres Schluckvermögen hat, den Ladedruck bereitstellen kann.
Der Verdichter der Niederdruckstufe wurde eigens für hohe Druckverhältnisse konzipiert. Ein hoher Wirkungsgrad bei hohen Druckverhältnissen erweist sich

bei niedrigen Verdichter-Austrittstemperaturen als sehr wichtig, weil die Frischluft in der Hochdruckstufe ein zweites Mal verdichtet wird und damit die Temperatur abermals ansteigt.

Gleitringdichtung

Wie bereits geschildert, besteht das R3S-Turboladersystem aus einem Turbolader in der Niederdruckstufe und zwei Turboladern in der Hochdruckstufe. Weil phasenweise nur ein Turbolader der Hochdruckstufe rotiert, stellt das Dichtkonzept eine große Herausforderung dar.

Der Turbolader weist einen Öleinlass und einen Ölauslass auf. Mit dem Öl werden die Lagerbuchsen und die Welle des Läufers im Lagersystem geschmiert. Weil das Standarddichtsystem nur bei dynamischem Betrieb abdichtet, gerät bei stehendem Turbolader leicht Öl aus dem Lagergehäuse in den Verdichter. Dadurch entsteht ein hoher Ölverbrauch, der nicht vom Motorölkreislauf bewältigt werden kann. Eine Mischung aus Frischluft und

Öl hätte außerdem eine nicht akzeptable Zunahme von Motoremissionen zur Folge. Um zu verhindern, dass Öl aus dem Lagergehäuse des stationären Abgasturbolader in das Luftsystem gelangt, entwickelte BorgWarner einen speziellen Abgasturbolader mit einer gasgeschmierten Gleitringdichtung [5].

Das dynamische Dichtungskonzept beinhaltet eine gasgeschmierte Gleitringdichtung und wurde speziell für die Anwendung in einem Turbolader konzipiert, Bild 7. Es kommt erstmals im R3S-Turboladersystem zum Einsatz und bietet hervorragende Dichtungseigenschaften, unabhängig davon, ob die Rotoren gerade in Betrieb sind oder nicht. Bei bestimmten langsamen Rotordrehzahlen wechselt die Dichtung von der statischen zur dynamischen Dichtfunktion.

Derzeitiger Stand der Technik bei Abgasturboladern ist der Einsatz von einem oder zwei Kolbenringen auf der Verdichter- und Turbinenseite. Mit einem handelsüblichen Kolbenring erreichen die Blow-by-Gase bei ansteigendem Lade-

Bild 6
Der Verdichter des neuen Turboladers in der Hochdruckstufe im Vergleich mit dem Standardverdichter

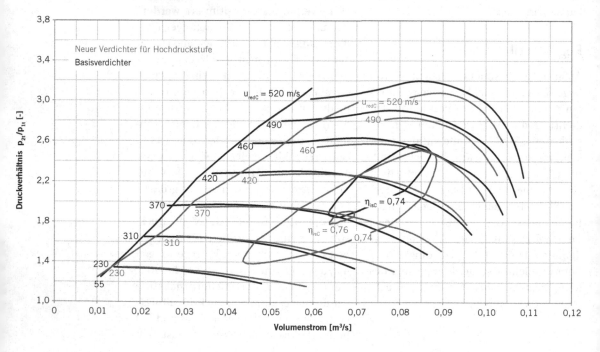

druck problematisch hohe Werte. Unterdruck auf der Ansaugseite des Verdichters, verstärkt durch Drosselverluste im Saugbereich sowie durch einen Pumpeffekt auf der Rückseite des Verdichterrads, führt zum Auskriechen des Öls aus dem Lagergehäuse. Kolbenringdichtungen verkörpern dynamische Spaltdichtungen, die großen Ölmengen jedoch nicht gewachsen sind. Für den Einsatz in einem stehenden Turbolader sind Kolbenringe daher nicht geeignet.

Die Gleitringdichtung besteht unter anderem aus einem Gleitring und einem Gegenring. Unmittelbar nachdem die Rotation einsetzt, schwimmt die Gleitfläche zwischen dem Gleitring und dem Gegenring auf einem Gaspolster. Das Gaspolster entsteht mithilfe sichelförmiger dreidimensionaler Nuten im Gegenring, die den Dichtspalt zwischen Gleitring und Gegenring bilden. Die Gleitringdichtung arbeitet ohne Kontakt, was messbaren Verschleiß verhindert und nur geringe Reibungsverluste von wenigen Watt erzeugt. Im Nichtbetrieb verschließt der Dichtspalt mittels Federkraft und dichtet auf diese Weise Gleitring und Gegenring statisch ab.

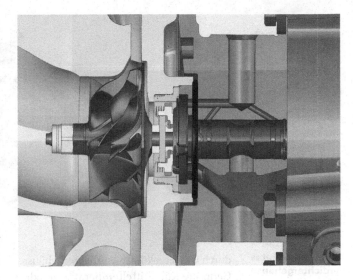

Bild 7
Gleitringdichtung (gelb markiert) auf der Verdichterseite

Wassergekühltes Verdichtergehäuse

Anders als das R2S-Turboladersystem, das bei hohen Motordrehzahlen lediglich den Turbolader der Niederdruckstufe einsetzt, arbeiten beim R3S-System selbst bei Nennleistung immer zwei Turbolader in Serie, um beim gewählten Downsizing-Grad jederzeit die angestrebte spezifische Leistung gewährleisten zu können. Für eine hohe spezifische Leistung bedarf es eines extremen Ladedrucks und eines ebenso hohen Druckverhältnisses. Letzteres führt in der Regel zu hohen Verdichter-Austrittstemperaturen, bei denen Öl in der Spirale des Verdichtergehäuses verkoken kann. Eine Verkokung der Blow-by-Gase im Ver-

dichter führt wiederum zu reduzierter Motorleistung. Um bei hohen Ladedrücken die Verdichter-Austrittstemperatur zu reduzieren und somit die Verkokung des Öls aus den Blow-by-Gasen in der Verdichterspirale beziehungsweise im Ladeluftkühler zu verhindern, muss das Verdichtergehäuse der Niederdruckstufe über ein integriertes Kühlsystem verfügen.

Bild 8 stellt die Kühlung im Bereich der Kontur des Verdichtergehäuses dar. Diese kann sogar bei Bedarf mit einer kennfeldstabilisierenden Maßnahme (KSM) kombiniert werden. Alternativ besteht die Möglichkeit, den Verdichter mit ähnlichen Resultaten in der Rückwand zu kühlen. Eine Kombination aus beiden Varianten verstärkt den Kühleffekt und führt zu den niedrigsten Verdichter-Austrittstemperaturen. Wassergekühlte Verdichtergehäuse wurden speziell für R2S-Anwendungen in Dieselmotoren entwickelt und erzielen gute Resultate bei der Reduzierung der Verdichter-Austrittstemperatur. Sie konnten erfolgreich an die Anforderungen des R3S-Turboladersystems angeglichen werden, sodass sie heute in R2S- und R3S-Systemen zum Einsatz kommen.

Die Verdichterkühlung ist bei üblichen Kühlmitteltemperaturen möglich. **Bild 9** zeigt eine typische Temperaturabsenkung

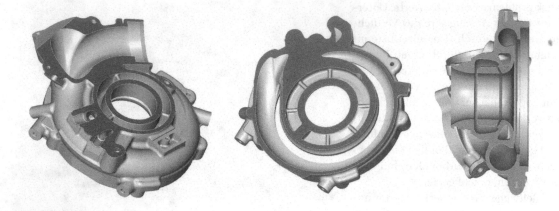

durch wassergekühlte Verdichtergehäuse. Geringere Kühlmitteltemperaturen reduzieren die Verdichter-Austrittstemperatur noch effektiver, erfordern aber einen zweiten Wasserkreislauf. Die Integration eines Wasserkanals zwecks Kühlung und eines Zwischenkühlers in das Verdichtergehäuse der Niederduckstufe, Bild 10, wurde erstmalig für eine BorgWarner-Applikation umgesetzt und in Serie gebracht, um extreme Package-Anforderungen zu erfüllen.

Zusammenfassung und Ausblick

BorgWarner hat die geregelte Aufladegruppe mit drei Turboladern (R3S) für Downsizing-Anwendungen entwickelt, um dort eine sehr hohe spezifischer Leistung und ein hervorragendes transientes Verhalten bei erheblich reduziertem Kraftstoffverbrauch zu erreichen. Die R3S-Turboladertechnologie debütierte im sogenannten M Performance Dieselmotor von BMW, dem weltweit leistungsstärksten Sechszylinder-Pkw-Dieselmotor [3, 4]. Der 3,0-l-Motor verfügt über eine maximale Leistung von 280 kW und ein maximales Drehmoment von 740 Nm. Ein mit dem R3S-Turboladersystem von BorgWarner ausgerüsteter 3,0-l-Dieselmotor erreicht im Vergleich mit einer R2S-Anwendung eine um 25 % gesteigerte Leistung sowie einen um 8 % reduzierten Kraftstoffverbrauch. Im Vergleich zu seinen Konkurrenten mit acht Zylindern schneidet der Kraftstoffverbrauch des Motors mit R3S-System sogar um mindestens 18 % besser ab [4]. Zudem optimiert die Technologie das transiente Verhalten und hilft dabei, die Euro-6-Abgasnorm zu erfüllen.

Um maximale Motorleistung und Drehmomente zu erzielen, bedarf es einiger Modifikationen am Motor. Vor allem sind eine Optimierung des Einspritzsystems und Verbesserungen der Motormechanik notwendig, damit der Motor den höheren Zylinderdrücken standhalten kann. Bei der geregelten Aufladegruppe mit drei Turboladern kommen zudem neuentwickelte Technologien erfolgreich zum Einsatz: Neben einer in das Verdichtergehäuse integrierten Wasserkühlung und einem Zwischenkühler wurden ein neues Regelventil, ein neuer Verdichtertyp in der Hochdruckstufe sowie eine neue Dichtungstechnik für den nicht permanent rotierenden Turbolader erstmalig in Serie gebracht.

Aufgrund einer geringeren Massenträgheit und dem Einsatz einer VTG in der Hochdruckstufe ermöglicht das R3S-System schnellen Ladedruckaufbau unter transienten Bedingungen. Dies gilt besonders dann, wenn die Hochdruckstufe als parallel-sequenzielle Aufladung konzipiert ist. Der Turbolader der Nieder-

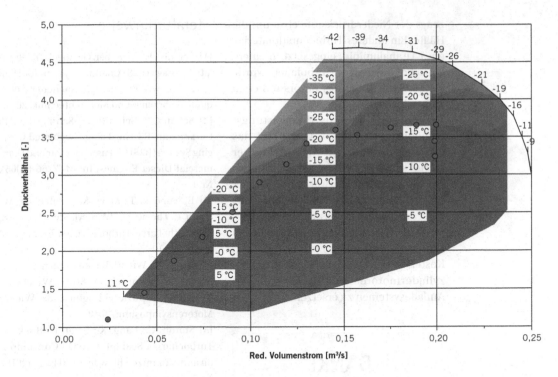

Bild 9
Das Verdichterkennfeld zeigt die Temperatursenkung mit einem gekühlten Verdichtergehäuse sowie eine typische Motorleistungslinie (beschrieben durch die Kreise)

druckstufe eignet sich verdichterseitig für den gesamten Frischluftmassendurchsatz und turbinenseitig für den kompletten Abgasmassendurchsatz, was große Rotoren mit hoher Massenträgheit erfordert. Während des transienten Vorgangs beschleunigt der Turbolader in der Hochdruckstufe viel schneller als der Turbolader der Niederdruckstufe.

Ein erster Ansatz, das transiente Verhalten des unlängst mit dem PACE-Award ausgezeichneten R3S-Turboladersystems noch weiter zu verbessern, ist der Einsatz eines VTG-Turboladers in der Niederdruckstufe. Die Eigenschaften solcher Turbolader verbessern die transiente Reaktion, indem sie das Schluckvermögen durch Schließen der VTG-Leitschaufeln reduzieren. Eine Maßnahme zur Reduzierung der Massenträgheit für ein verbessertes transientes Verhalten der Niederdruckstufe stellt die Aufteilung des Abgasmassendurchsatzes auf zwei parallele kleinere Turbolader dar. Dieser Vorgang verringert die Massenträgheit des Lauf-

Bild 10
Verdichtergehäuse mit Wasserkühlung und Zwischenkühler

zeugs der Niederdruckstufe etwa um die Hälfte. Ein anderes Turbinenradmaterial, etwa Titanaluminid, eingesetzt in einem einzigen Niederdruckturbolader, würde die Massenträgheit des Rotors um circa 35 % reduzieren.

Vor einigen Jahren als Hochleistungstechnologie eingeführt, vergrößert das R2S-Turboladersystem von BorgWarner stetig seinen Marktanteil. Ähnliches Wachstumspotenzial erwartet BorgWarner langfristig auch für die R3S-Technologie. Es ist anzunehmen, dass Vierzylindermotoren mit R3S aufgrund ihrer Vorteile bei Kraftstoffverbrauch, Emissionen und Kosten in der Lage sein werden, Sechszylindermotoren mit herkömmlichen Aufladesystemen zu ersetzen.

DANKE

Der Autor möchte seinen Kollegen Patrick Steingass, Andreas Kopietz und Günter Krämer, alle BorgWarner Turbo Systems in Kirchheimbolanden, für ihre freundliche Unterstützung danken.

Literaturhinweise

[1] Schmitt, F.; Schreiber, G.; Engels, B.: Regulated 2-Stage (R2S) Charging System for High Specific Power Engines. 13. Aachener Kolloquium Fahrzeug- und Motorentechnik, 2004

[2] Schmitt, F.; Schwarz, A.; Schmalzl, H.-P.; Christmann, R.: The 2-stage Regulated Charging System (R2S) for Passenger Car and Commercial Diesel Engines. In: MTZ 66 (2005), Nr. 1

[3] Eidenböck, T.; Mayr, K.; Neuhauser, W.; Staub, P.: The new BMW 6-cylinder Diesel Engine with Three Turbochargers. In: MTZ 73 (2012), Nr. 10

[4] Ardey, N.; Wichtl, R.; Steinmayr, T.; Kaufmann, M.; Hiemesch, D.; Stütz, W.: The all new BMW Top Diesel Engines. 33. Wiener Motorensymposium, 2012

[5] Simon, C.; Lang, K.; Feigl, P.; Bock, E.: Turbocharger Seal for Zero Oil Consumption and Minimized Blow-by. In: MTZ 71 (2010), Nr. 4

Kombinierte Miller-Atkinson-Strategie für Downsizing-Konzepte

Dr.-Ing. Martin Scheidt | Dr.-Ing. Christoph Brands | Matthias Kratzsch |
Michael Günther

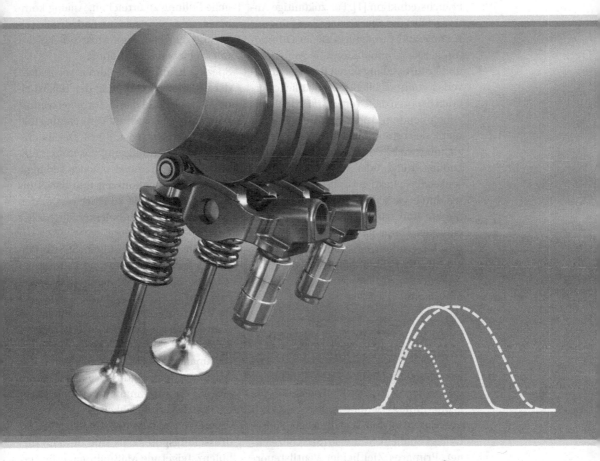

Die weitere Steigerung des Downsizing-Grads beim Ottomotor erfordert den Einsatz zielführender Ventilsteuerstrategien. Einen interessanten Ansatz bietet dabei ein variabler Einlass-Schließt-Zeitpunkt. Schaeffler Technologies und IAV haben in einem gemeinsamen Projekt die Potenziale an einem Ottomotorkonzept im gesamten Motorkennfeld untersucht. Dabei zeigte eine kombinierte Miller-Atkinson-Strategie zusammen mit hohem Downsizing-Grad CO_2-Einsparungen bis 15,3 %.

© Springer Fachmedien Wiesbaden 2015, W. Siebenpfeiffer (Hrsg.),
Fahrerassistenzsysteme und Effiziente Antriebe, ATZ/MTZ-Fachbuch, DOI 10.1007/978-3-658-08161-4_1

Mehr Probleme mit Klopfen und Vorentflammung

Die geplante CO_2-Grenze von 95 g/km für eine mittlere Fahrzeugmasse von 1372 kg erfordert deutliche Schritte zur Erhöhung der Effizienz der Verbrennungsmotoren. Downsizing kombiniert mit Teillastentdrosselung ist derzeitig ein vielversprechender Ansatz zur signifikanten Verbrauchsreduktion [1]. Für zukünftige Antriebe führt das aber zu einer Zunahme der Komplexität turboaufgeladener Ottomotoren. Die Kombination aus Aufladung und Entdrosselung durch Betriebspunktverlagerung erschließt zwar deutliche Verbrauchspotenziale, verschärft jedoch mit zunehmendem Aufladegrad die Problematik des ottomotorischen Klopfens beziehungsweise der Vorentflammung der Ladung. Miller- oder Atkinson-Strategien senken das effektive Verdichtungsverhältnis durch variable Einlass-Schließt-Zeitpunkte und wirken dieser Problematik entgegen. Damit kann der Bedarf zur Gemischanreicherung reduziert und ein Schritt zur Erfüllung zukünftiger RDE-Anforderungen (Real Driving Emissions) unternommen werden.

Ladungswechsel- und Verbrennungsbeeinflussung

Zur übersichtlicheren Darstellung wird das Miller-Verfahren im Folgenden als Frühe-Einlass-Schließt-Strategie (FES) und das Atkinson-Verfahren als Späte-Einlass-Schließt-Strategie (SES) bezeichnet. Primäres Ziel beider Ventilsteuerstrategien bei Ottomotoren ist die Verbrauchsreduktion durch Entdrosselung des Ladungswechsels in der Teillast beziehungsweise die Wirkungsgradsteigerung durch Ladungskühlung und damit Klopfreduktion in der Volllast. Beim FES-Verfahren wird der Einlassvorgang deutlich vor UT beendet und die Steuerzeit so gewählt, dass sich zum Einlassschluss die für den Teillastbetriebspunkt erforderliche Ladungsmasse im Zylinder befindet. Im Gegensatz dazu wird beim SES-Verfahren über den gesamten Ansaugvorgang geladen und die überschüssige Ladungsmasse nach Ladungswechsel-UT (LW-UT) wieder ausgeschoben [2]. Im Volllastfall wird bei früherem Einlassschluss der Ladedruck erhöht, um mit niedriger Temperatur im UT die erforderliche Füllung zu erreichen. Analog kompensiert im SES-Fall eine Ladedrucksteigerung den Ladungsverlust infolge des Rückschiebens der Ladung.

Speziell beim FES-Verfahren verursacht der geringere Ventilhub in der Teillast einen Tumble- und damit Turbulenzverlust mit negativen Folgen auf Verbrennung und Restgasverträglichkeit, Bild 1. Darüber hinaus kommt es aufgrund des frühen Einlassschlusses zu einer deutlichen Verlängerung der Dissipationszeit und damit bis zum Zündzeitpunkt zu einer verstärkten Umwandlung von turbulenter kinetischer Energie (TKE) in Wärme.

Gegenüber dem FES- ist beim SES-Verfahren ein geringerer Verlust an Ladungsbewegung sowie eine geringere Dissipation festzustellen. Dennoch erreicht die TKE zum Zündzeitpunkt nicht das Niveau des Basishubs. Über die Wirkung des TKE-Verlusts auf die Verbrennungsstabilität hinaus hat bei beiden Verfahren das reduzierte Temperaturniveau Auswirkungen auf die Entflammbarkeit und damit die Restgasverträglichkeit.

Zum Erreichen des größtmöglichen Entdrosselungspotenzials sind deshalb turbulenzsteigernde Maßnahmen erforderlich. Dabei hat das Turbulenzniveau des Einlasskanals entscheidenden Einfluss auf das erreichbare Teillastverbrauchspotenzial. Wird ein repräsentativer Teillastpunkt untersucht, ist die Entscheidung, ob FES oder SES die jeweils geeignete Strategie darstellt, für unterschiedliche Turbulenzen differenziert zu betrachten, Bild 2. Bei Anwendung des FES-Verfah-

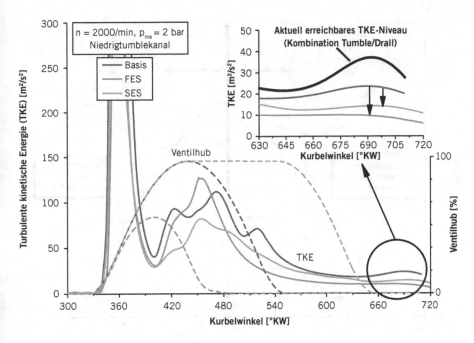

Bild 1
Turbulente kineti-sche Energie (TKE) bei FES und SES im Vergleich zum Ba-sishub

rens an einem Kanal mit geringer Ladungsbewegung (beispielsweise Niedrigtumblekanal) wird der Nachteil gegenüber einem Tumblekanal beziehungsweise einem Konzept mit Ventilsitzmaskierung deutlich erkennbar. Ursachen sind der Turbulenzverlust sowie die gesunkene Restgasverträglichkeit mit einer signifikanten Verringerung des Einlass-Schließt(ES)-Potenzials in Richtung „früh" (ΔES = 40 °KW). Das Potenzial der Maskierung ist vor allem vom Verhältnis von Maskierungshöhe zum Ventilhub abhängig und kann im günstigsten Fall auch ein höheres Turbulenzniveau gegenüber der Vollhubvariante erzeugen. Die Erschließung der maximalen Verbrauchspotenziale (Δbₑ bis zu 8 %) erfordert besonders beim FES-Verfahren die konsequente Einbeziehung des Einlasskanalkonzepts.

Demgegenüber zeigt das SES-Verfahren grundsätzlich eine geringere Abhängigkeit der Verbrauchspotenziale vom Kanalkonzept, jedoch sind zur Erschließung der maximalen Verbrauchseinsparung ebenfalls Turbulenzmaß-

nahmen erforderlich. Wird ein SES-Verfahren mit einem Niedrigtumblekanal kombiniert, liegt der erforderliche Schließzeitpunkt für maximale Entdrosselung so extrem spät, dass der notwendige Zündwinkel für die optimale Verbrennungsschwerpunktlage bei geringen Motorlasten nicht eingestellt werden kann. Damit wird das Verbrauchspotenzial limitiert. Beim SES-Verfahren mit Tumblekanal kann der mögliche Schließzeitpunkt durch reduzierten Vorzündbedarf um bis zu 10 °KW verschoben werden, woraus signifikante Verbrauchspotenziale von bis zu 7,8 % resultieren. Die Entscheidung in diesem gewählten Teillastbetriebpunkt fällt auf die Kombination von FES-Strategie mit einem für diesen Fall optimierten Maskierungskonzept.

Auslegungs- und Optimierungsmethodik

Die simulationsbasierte Bewertung der Potenziale von FES- und SES-Strategien in Teil- und Volllastbetrieb erfordert er-

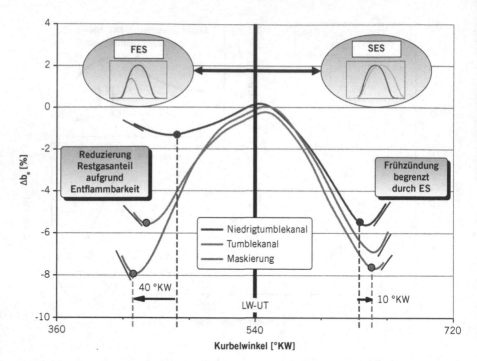

Bild 2
Teillastverbrauch in Abhängigkeit von Turbulenzniveau und Einlass-Schließt-Zeitpunkt

weiterte Modellansätze [3]. Die Wirkung des ES-Zeitpunkts auf Ladungstemperatur und Turbulenz wird, als effektive Alternative zur aufwendigen Optimierung mittels CFD, durch ein präzise abgestimmtes, quasidimensionales (QD) Verbrennungsmodell abgebildet. Die reduzierte Entflammbarkeit bei zum Zündzeitpunkt niedrigerer Temperatur im Zylinder wird auf Basis der Damköhler-Zahl ermittelt. Zur Bewertung von Änderungen der Klopfneigung dient ein erweiterter Arrhenius-Ansatz. Darüber hinaus kommt ein empirisches Reibmodell zur Anwendung. Da sich zur Auslegung der Ventilerhebungen (Steuerbreiten und Steuerzeiten) eine sehr große Anzahl möglicher Parameterkombinationen im Motorkennfeld ergeben, kommen ersatzmodellgestützte, stochastische Optimierungsverfahren zum Einsatz.

Downsizing-Strategie der zweiten Generation

Als Basismotor für die Potenzialbewertung dient ein moderner, turboaufgeladener 1,4-l-Vierzylinder-Ottomotor mit Direkteinspritzung. Er ersetzt einen 1,8-l-Turbomotor in einem Mittelklassefahrzeug (Schwungmassenklasse 1470 kg) und erhöht so den Downsizing-Grad. Dabei stellt sich ein Zielmitteldruck von $p_{me,max}$ = 29 bar mit den bekannten Verschiebungen der Betriebspunkte im Motorkennfeld hin zu höheren Lasten ein, **Bild 3**.
Zur Erfüllung der Volllastkennwerte kommt eine zweistufige geregelte Abgasturboaufladung in Kombination mit einem Tumblekanal zur Anwendung. Dadurch sind die erforderlichen Ladedruckreserven für beide Ventiltriebsstrategien sichergestellt. Die Bewertung der FES- und SES-Strategie erfolgt über das komplette Motorkennfeld. Der NEFZ-Bereich wird anhand von 15 relevanten Drehzahl-Mitteldruck-Paarungen vereinfacht abge-

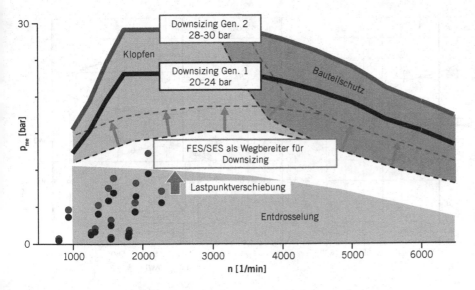

Bild 3
Betriebspunkte der gewählten Motor-Fahrzeug-Kombination im NEFZ mit gesteigertem Downsizing-Grad

bildet. Je nach Kennfeldbereich ergeben sich jedoch unterschiedliche Anforderungen bei Einsatz des FES- oder SES-Verfahrens.

Auslegung für hohe Motorlast

Der mögliche ES-Zeitpunkt wird hauptsächlich von der Ladedruckreserve des Aufladesystems bestimmt. Für das FES-Verfahren ergibt sich im betrachteten Volllastbetriebspunkt (n = 1500/min, p_{me} = 29 bar) durch Ladungskühlung infolge Expansion eine maximal mögliche Frühverlagerung der Verbrennungsschwerpunktlage um $\Delta\alpha_{Q50}$ = 5 °KW bei einem ES von 487 °KW, **Bild 4** (links). Damit kann für das extreme Downsizing eine akzeptable Verbrennungsschwerpunktlage eingestellt werden.

Beim SES-Verfahren wird der spätmöglichste ES mit vergleichbarem Saugrohrdruck bei 565 °KW erreicht. Das Potenzial bezüglich Senkung der Klopfneigung ist mit $\Delta\alpha_{Q50}$ = 3 °KW etwas geringer. Ursache hierfür ist eine höhere Temperatur der Zylinderladung durch Erwärmung des ausgeschobenen Ladungsanteils im Einlasskanal und im Saugrohr. Grundsätzlich sind im untersuchten Betriebs-

bereich die Unterschiede beider Einlass-Schließt-Strategien in Bezug auf die Verringerung der Klopfneigung und den Ladedruckbedarf gering.

Im Nennleistungspunkt wird für beide Strategien bei extremem Downsizing das Potenzial zur Realisierung akzeptabler Gemischanreicherung ermittelt. Für den FES-Betrieb gibt es im hohen Drehzahlbereich jedoch kinematische Einschränkungen bei der Wahl der Nockenprofile (reale Hubkurven). Für konstante Ventilbeschleunigungen, bezogen auf den Basisventilhub, ergeben sich bei Hubreduzierung im Vergleich zu optimalen Niedrigdrehzahlnocken (idealisierte Hubkurven) entsprechend breitere Nockenprofile, **Bild 4** (rechts). Dadurch erhöhen sich Strömungsverluste und Ladungswechselarbeit signifikant. Der Ladedruckbedarf nimmt bei gleichem Einlass-Schließt-Zeitpunkt zu, und die Frühverlagerung des Einlassschlusses wird begrenzt. Die Verbrauchsreduzierung durch Gemischabmagerung ist im Vergleich zum SES-Verfahren um Δb_e = 3 % geringer. Das größte Potenzial hinsichtlich Frühverlagerung der Verbrennungsschwerpunktlage wird am Nennleistungspunkt deshalb mit SES erreicht

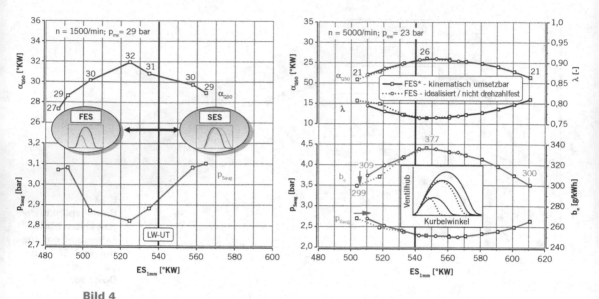

Bild 4
Einfluss von Einlassschluss und Nockenprofil auf motorische Zielgrößen

und beträgt 5 °KW. Durch entsprechende Abmagerung des Gemischs ist eine Verbrauchsreduktion um 11 % möglich.

Auslegung für niedrige Motorlast (NEFZ-Bereich)

Bei Optimierung des Kompromisses aus maximaler Entdrosselung, turbulenzgetriebenen Verbrennungsverlusten und Reibung sind mit FES betriebspunktabhängig Verbrauchspotenziale zwischen 1,1 und 5,6 % erschließbar, **Bild 5**. Mit der optimalen SES-Ventilerhebung ergeben sich stationäre Verbrauchsvorteile von bis zu 8,8 % bei sehr geringer Motorlast. Das höhere Potenzial im untersten Lastbereich stellt sich aufgrund der geringen Verbrennungsbeeinflussung und der damit maximal möglichen Entdrosselung bei spätestmöglichem ES-Zeitpunkt ein. Die erforderliche SES-Steuerbreite ist jedoch im Vergleich zum Nennleistungsbereich deutlich größer.

Im mittleren Kennfeldausschnitt ergeben sich Verbrauchsvorteile für die FES-Strategie von im Mittel 1,3 % im Vergleich zum Basisventilhub. Diese resultieren einerseits aus der verringerten Reibung bei kleinem Ventilhub, andererseits aus der

Wirkung des positiven Spüldrucks auf die Ladungswechselarbeit.

Aufgrund der bereichsspezifischen Vorteile für FES- und SES-Verfahren ist eine Kombination beider Strategien zum Erreichen des bestmöglichen Kraftstoffverbrauchs im Zyklus zielführend, **Bild 6**. Bei der optimierten FES-SES-Strategie wird der Motor im niedrigen Teillastbereich mit einem SES-, darüber mit einem FES-Nocken betrieben. Als Gesamtkonzeptansatz wird am untersuchten Motor-Fahrzeug-System demnach eine jeweils optimierte SES-Ventilerhebung für den Niedriglast- sowie den Nennleistungs- beziehungsweise den oberen Drehzahlbereich verwendet, während für den teilweise noch zyklusrelevanten Teillastbereich bis hin zur Volllast bei niedrigen bis mittleren Drehzahlen eine FES-Ventilerhebung genutzt wird, **Bild 7**.

Die nur in diesem Ansatz mithilfe von FES-SES-Strategien mögliche Erhöhung des Downsizing-Grads ergibt ohne weitere Maßnahmen zur Teillastoptimierung 11,7 % Kraftstoffverbrauchsreduktion aus der Betriebspunktverlagerung. Bei Anwendung nur einer Strategie in der Teillast erschließt sich eine weitere Verringerung von 2,8 % mit der FES- und von 2,9 %

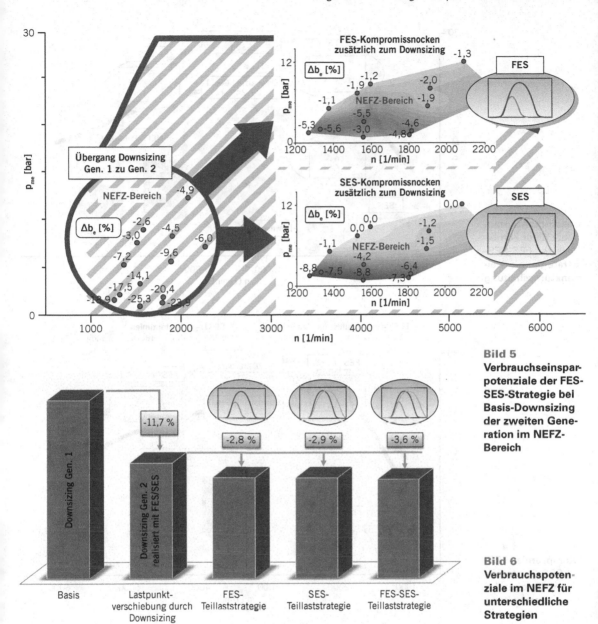

Bild 5
Verbrauchseinsparpotenziale der FES-SES-Strategie bei Basis-Downsizing der zweiten Generation im NEFZ-Bereich

Bild 6
Verbrauchspotenziale im NEFZ für unterschiedliche Strategien

mit der SES-Strategie. Durch Kombination beider Verfahren ergeben sich zusätzliche 3,6 % Einsparung in der Teillast, in Summe also 15,3 % Gesamtpotenzial. Zur Umsetzung dieser Kennfeldstrategie wird auf der Einlassseite ein dreistufiges Schaltsystem in Kombination mit Phasenstellung benötigt.

Steht jedoch nur ein zweistufiges System zur Verfügung, sind prinzipiell zwei Kombinationen für die Wahl dieser Schaltstufen denkbar. Zum einen kann ein drehzahlfester FES-Nocken, mit Nachteilen bezüglich des Bauteilschutzes für den Nennleistungsbereich, **Bild 8** (FES*), mit einem SES-Nocken (SES1 in **Bild 8**) für die Teillast kombiniert werden. Das NEFZ-Verbrauchspotenzial die-

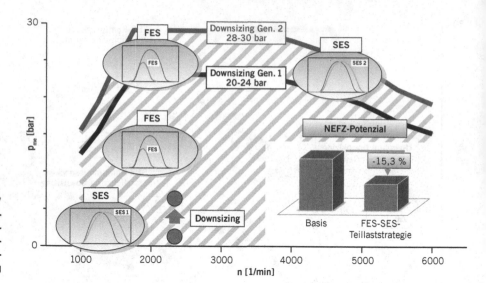

Bild 7
Gesamtkonzeptansatz einer kombinierten FES-SES-Strategie mit Dreipunktumschaltung

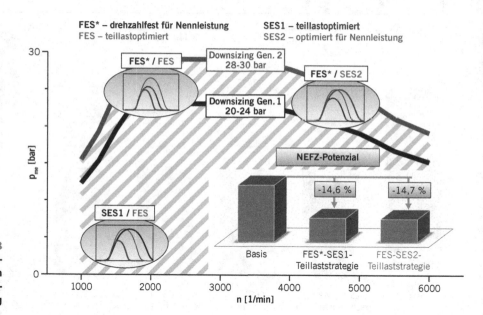

Bild 8
Kompromiss-FES-SES-Strategien mit Zweipunktumschaltung

ser Kombination beträgt 2,9 %. Dabei wird der FES-Ventilhub auch in der hohen Teillast und Volllast bei niedrigen Drehzahlen verwendet, jedoch mit reduziertem Verbrauchspotenzial.

Nutzt man einen für den Nennleistungsbereich optimierten SES-Ventilhub (SES2 in Bild 8) und kombiniert diesen mit einem in der Teillast optimalen FES-Hub (FES in Bild 8), ergibt sich ein Verbrauchs-

potenzial von 3 % im NEFZ. Der FES-Hub wird bei dieser Paarung auch in der hohen Teil- und Volllast im unteren Drehzahlbereich verwendet.

Bauteilseitige Umsetzung

Zur Umsetzung eines frühen beziehungsweise späten Einlassschlusses wird ein Mechanismus zur Umschaltung zwischen zwei verschiedenen Hubkurven benötigt. Schaltbare Lösungen hierfür sind zum Beispiel ein schaltbarer Schlepphebel oder ein Schiebenockensystem. Alternativ bieten auch vollvariable Ventiltriebssysteme, wie das elektrohydraulische System UniAir, die Möglichkeit, eine mehrstufige Hubumschaltung umzusetzen.

Schaltbare Schlepphebel erlauben nur eine zweistufige Umschaltung, während eine dreistufige Kombination aus FES und zweifachem SES mit dem größten Verbrauchsreduktionspotenzial im NEFZ nur mit einem Schiebenockensystem umsetzbar ist. Vor- und Nachteile beider Systeme werden nachfolgend dargestellt [4].

Ein schaltbarer Schlepphebel besteht aus zwei ineinander gelagerten Hebeln, dem Innen- und Außenhebel, welche über einen Koppelmechanismus miteinander verbunden sind. Die Hebel werden mit Gleit- und Rollenabgriff ausgeführt. Die Umschaltung zwischen kleinem und großem Ventilhub erfolgt über eine mit Öldruck betätigte Verriegelung. Das Öl gelangt über spezielle Kanäle im Abstützelement in den Hebel. Die Steuerung des Drucks erfolgt durch ein 3/2-Wege-Schaltventil, welches elektrisch über ein in der ECU hinterlegtes Kennfeld angesteuert wird. Mit diesem System lassen sich Schaltzeiten von 10 bis 20 ms realisieren. Das ermöglicht eine Umschaltung innerhalb einer Nockenwellenumdrehung bei üblichen Drehzahlen. Damit der abschaltbare Hebel nach der Nockenerhebung in seine Ausgangslage zurückkehrt, ist eine sogenannte Lost-Motion-Feder, meist eine Drehschenkelfeder, angebracht. Der Schaltmechanismus kann ohne anliegenden Öldruck entweder entriegelt oder verriegelt ausgeführt sein.

Für den zweistufig verbrauchsgünstigsten Fall „FES und SES2" ist ein drucklos entriegelter Schlepphebel mit abschaltbarem Außenhebel notwendig, **Bild 9**. Da der bei niedrigen Drehzahlen zum Einsatz kommende kleine Nockenhub über

Drucklos entriegelt

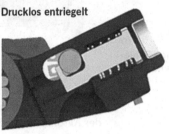

die Rolle abgegriffen wird, ist das auch die reibungsgünstigste Lösung.

Ein Schiebenockensystem besteht aus einer Grundwelle sowie einem Schiebestück und einem elektromagnetischen Aktor für jedes Ventilpaar. Das Schiebestück ist auf der Grundwelle axial verschiebbar gelagert, die Übertragung des Drehmoments erfolgt über eine Steckverzahnung. Auf den Schiebestücken sitzen je Ventil mehrere Nockenprofile nebeneinander. Die Profile bilden die verschiedenen Hubkurven ab. Zusätzlich ist in das Schiebestück eine Steuernut eingearbeitet. In diese fährt der Aktorpin ein, um das Schiebestück bei seiner Drehung, der Nutkontur folgend, axial zu verschieben. Damit kommt nun ein anderes Nockenprofil mit dem Schlepphebel in Eingriff. Arretiert werden Schiebestück und Welle über eine federbelastete Kugel, welche in eine Nut im Schiebestück eingreift. Nach der Betätigung wird der Aktorpin über eine Rampe mechanisch wieder zurück in den Aktuator geschoben. Die daraus folgende Span-

Bild 9
Schaltbarer
Schlepphebel

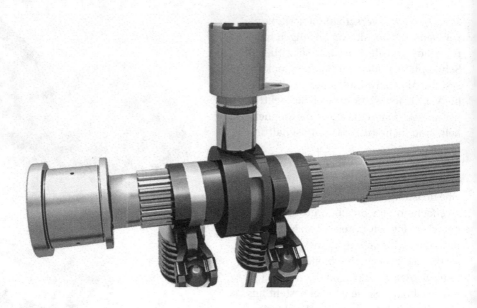

Bild 10
Dreistufiges Schie-
benockensystem

nungsänderung an der elektrischen Spule des Aktors gibt die Schaltrichtung an und wird deshalb als Rückwurfsignal verwendet. Um die OBD-Forderung, die Stellung auch im weiteren Verlauf zu kennen, erfüllen zu können, werden zusätzliche Informationen von Sensoren (Druck- und Lambdasonden) oder über die Drehmomentunförmigkeit ausgewertet.

Das dreistufige Schiebenockensystem ist aktuell in Entwicklung. Eine Umsetzung ist mit einer Steuernut in doppelter S-Form (DS) in Verbindung mit einem Zweipinaktor und je drei Nockenprofilen pro Ventil möglich, Bild 10. Schiebenockensysteme ermöglichen ein zylinderindividuelles und öldruckunabhängiges Umschalten des Ventilhubs sowie eine freie Gestaltung der Ventilhubkurven. Weiterhin kann die Reihenfolge der zu schaltenden Ventilgruppen beliebig vorgegeben werden.

Zusammenfassung

FES- und SES-Verfahren erschließen im Kennfeld unterschiedliche Potenziale. Zur maximalen Entdrosselung im unteren Lastbereich bietet sich bei mittlerem Turbulenzniveau ein SES-Nockenprofil an. Mit zunehmender Last reduziert sich der Turbulenzbedarf, und das FES-Verfahren führt zum besten Ergebnis. Bis zur Volllast im unteren und mittleren Drehzahlbereich kommt deshalb die FES-Strategie zum Einsatz. Erst bei hohen Drehzahlen verliert diese ihren Vorteil durch kinematische Zwänge, und es wird auf SES-Hub umgeschaltet. Die kombinierte Anwendung beider Verfahren ist zum einen die Basis zur Erschließung des Potenzials eines gesteigerten Downsizing-Grads von 11,7 %, zum anderen bietet sie noch erhebliche Vorteile bis zu 3,6 % im NEFZ an einem Motorkonzept mit einem maximalen Mitteldruck von 29 bar. Der geringste Kraftstoffverbrauch wird dabei mit einer dreistufigen Umschaltung auf Basis eines Schiebenockensystems erreicht. Bei Beschränkung auf Zweistufigkeit verringert sich das NEFZ-Verbrauchspotenzial jedoch nur um 0,6 %. Da verschiedene Lösungen zur Realisierung solcher Konzepte verfügbar sind, stellt die kombinierte Miller-Atkinson-Strategie bei Erhöhung des Downsizing-Grads einen hervorragenden Beitrag zur Erreichung der strengen CO_2-Ziele dar.

Literaturhinweise

[1] Kirsten, K.; Brands, C.; Kratzsch, M.; Günther, M.: Selektive Umschaltung des Ventilhubs beim Ottomotor. In: MTZ 73 (2012), Nr. 11

[2] Scheidt, M.; Brands, C.; Günther, M.: Kombinierte Miller-Atkinson-Strategie für zukünftige Downsizingkonzepte. Internationaler Motorenkongress „Antriebstechnik im Fahrzeug", Baden-Baden, 2014

[3] Bühl, H.; Kratzsch, M.; Günther, M.; Pietrowski, H.: Potenziale von Schaltsaugrohren zur CO2-Reduktion in der Teillast. In: MTZ 74 (2013), Nr. 11

[4] Ihlemann, A.; Nitz, N.: Zylinderabschaltung – ein alter Hut oder nur eine Nischenanwendung. 6. MTZ-Fachtagung „Ladungswechsel im Verbrennungsmotor", Stuttgart, 2013

DANKE

Bei der Erstellung des Beitrags haben zudem Matthias Lang von der Schaeffler Technologies GmbH & Co. KG sowie Nick Elsner, Thomas Spannaus und Christian Vogler von der IAV GmbH in Chemnitz mitgewirkt.

Die neuen Drei- und Vierzylinder-Ottomotoren von BMW

Ing. Fritz Steinparzer | Dipl.-Ing. Thomas Brüner | Prof. Dr. Christian Schwarz |
Dipl.-Ing. Markus Rülicke

BMW hat einen neuen Baukasten für Reihenmotoren entwickelt, der sowohl
Otto- als auch Dieselaggregate umfasst und dabei einen hohen Gleichteileumfang bietet. Im Folgenden wird die Entwicklung der Drei- und
Vierzylinder-Ottomotoren beschrieben. Ihr Ersteinsatz erfolgte im Mini und im
BMW i8.

© Springer Fachmedien Wiesbaden 2015, W. Siebenpfeiffer (Hrsg.),
Fahrerassistenzsysteme und Effiziente Antriebe, ATZ/MTZ-Fachbuch, DOI 10.1007/978-3-658-08161-4_1

Ein Grundkonzept für alle Reihenmotoren

Parallel zur Markteinführung des neuen Mini startet BMW mit einer komplett neu entwickelten Motorenfamilie. Im Endausbau wird diese Motorenfamilie alle Drei-, Vier- und Sechszylinder-Otto- und -Dieselmotoren umfassen. Zielsetzung dabei ist es, alle Reihenmotoren auf dem gleichen Grundmotorenkonzept und auf einer einheitlichen Motorperipherie aufzubauen.

Auf der Ottomotorenseite startet die neue Motorengeneration von BMW mit drei Dreizylinderaggregaten und einem Vierzylinderderivat. Der Dreizylindermotor wird mit zwei Hubräumen – 1,2 und 1,5 l – ausgeführt. Die 1,2-l-Version startet mit einer Nennleistung von 75 kW und deckt damit die Positionierung des Mini One ab. Den 1,5-l-Motor gibt es mit 100 kW für den Mini Cooper und in einer spezifischen Hochleistungsvariante mit 170 kW für den neuen elektrifizierten Sportwagen BMW i8. Der neue Vierzylindermotor stellt zum Erstanlauf mit 140 kW die Motorisierung des Mini Cooper S dar. Er wird natürlich in weiterer Folge auch mit deutlich höheren Leistungen in weiteren Derivaten von BMW und Mini zum Einsatz kommen [1].

Zielsetzung

Effizienter, leichter, leistungsfähiger, kompakter und konzeptionell ausgerichtet auf die kommenden, sich weltweit verschärfenden gesetzlichen Anforderungen. Auf diesen einfachen Nenner lassen sich die wesentlichen Ziele für die neuen Aggregate bringen. Dementsprechend wurden im Lastenheft folgende Funktionsziele festgehalten:

- hohe spezifische Leistung mit bis zu 115 kW/l bei den Topanwendungen
- hohes Drehmoment schon knapp über Leerlaufdrehzahl (Low-end Torque)
- instationäres Ansprechverhalten vergleichbar mit leistungsgleichen Saugmotoren
- niedrige Kraftstoffverbräuche beim Kunden und in gesetzlichen Zyklen
- Potenzial zur Erfüllung der weltweit schärfsten Abgasgrenzwertstufen
- Leichtbauweise mit Aluminiumkurbelgehäuse
- minimale Reibungsverluste durch optimierte Grundmotorauslegung
- hohe Laufkultur durch Massenausgleichssysteme sowohl beim Drei- als auch beim Vierzylindermotor.

Zusätzlich ergaben sich aus dem Ansatz einer kommunalen Otto- und Dieselmotorenfamilie die Vorgaben:

- Produktionsflexibilität (Otto und Diesel, Drei-, Vier- und Sechszylindermotor) über mehrere Produktionsstandorte
- einfache und schnelle Darstellung verschiedener Technikvarianten auf der gleichen Grundmotorbasis
- einfache und schnelle Ableitung von Derivaten
- einheitliche Schnittstellen zum Fahrzeug bei allen Varianten.

Eine weitere Prämisse und Herausforderung zugleich war trotz maximaler Kommunalitätsgrade eine funktionsoptimale Auslegung der einzelnen Derivate, um die jeweilige Spitzenposition im Wettbewerb sicherzustellen.

Konzeption

Die Motorgrunddimensionierung der neuen Drei- und Vierzylindermotoren, Bild 1, führt den bei BMW seit vielen Jahren üblichen Zylinderabstand von 91 mm für die Reihenmotoren weiter fort. Das Einzelzylinderhubvolumen beträgt 0,5 l, mit Ausnahme einer Einstiegsversion des Dreizylindermotors für den Mini One, der mit 0,4 l Einzelzylinderhubvolumen auf einen Gesamthubraum von 1,2 l kommt. Die Motoren wurden bezüglich Auslegung und Peripherie grundsätzlich

Kenngröße	Einheit	Dreizylinder		Vierzylinder
		Untere Leistung	Obere Leistung	
Maximale Leistung bei Drehzahl	kW bei 1/min	100/4500	170/5800	141/4700
Maximales Drehmoment bei Drehzahl	Nm bei 1/min	220/1250	320/3500	280/1250
Abregeldrehzahl	1/min	6500	6500	6500
Spezifische Leistung	kW/l	66,7	113,3	70,5
Spezifisches Drehmoment	Nm/l	146,6	213,3	140
Max. spezifische Arbeit	kJ/l	1,82	2,35	1,7
Kenngröße	Einheit	Dreizylinder	Vierzylinder	
Grundabmessungen				
Hubraum	cm3	1498,8	1998,3	
Bohrung	mm	82	82	
Hub	mm	94,6	94,6	
Hub-Bohrungs-Verhältnis	–	1,15	1,15	
Einzelzylindervolumen	cm3	499,6	499,6	
Pleuellänge	mm	148,2	148,2	
Pleuelstangenverhältnis	–	0,319	0,319	
Zylinderabstand	mm	91	91	
Kolben				
Kompressionshöhe	mm	33,2	33,2	
Feuersteghöhe	mm	7	7	
Kolbenbolzen				
Durchmesser	mm	22	22	
Länge	mm	55	55	
Ventile				
Durchmesser Einlass/Auslass	mm	30/28,5	30/28,5	
Ventilhub Einlass/Auslass	mm	9,9/9,7	9,9/9,7	
Schaftdurchmesser Einlass/Auslass	mm	5,0/5,0	5,0/5,0	
Verdichtungsverhältnis	–	11,0	11,0	

Bild 1
Kennwerte und Hauptabmessungen der Drei- und Vierzylindervarianten

mit Aufladung konzipiert. Um bestmögliche Voraussetzungen für eine optimale Funktionalität und Fahrzeugintegration zu schaffen, ist der Ladungswechsel nach dem Querstromprinzip gestaltet. Dabei erfolgt die Luftzuführung auf der linken und die Abgasführung auf der rechten Motorseite. Die Anordnung des Kettentriebs auf der Motorhinterseite ermöglicht die Konzentration aller Nebenaggregate auf der Saugseite, sodass die rechte Motorseite komplett für die Turboaufladung und die motornahe Abgasnachbehandlung zur Verfügung steht. In Bild 2 sind der Längs- und der Querschnitt des Motors dargestellt.

Konstruktive Ausführung – Grundmotor

Das Kurbelgehäuse, Bild 3, ist für alle Derivate in Vollaluminium ausgeführt. Der Kettentrieb für den Antrieb der Nockenwelle befindet sich auf der Schwungradseite. Als Laufbahntechnologie kommt eine mittels Lichtbogendrahtspritzen (LOS) erzeugte innovative Beschichtung zum Einsatz. Sie ist nur 0,3 mm dick, äußerst verschleißfest und ermöglicht gegenüber konventionellen Graugussbüchsen eine deutlich bessere Wärmeabfuhr aus dem Zylinder in das Kühlmittel. Die Stahlkurbelwelle aller Motorausführungen ist geschmiedet und

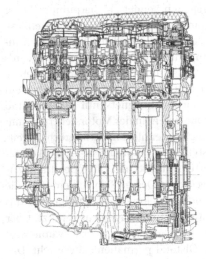

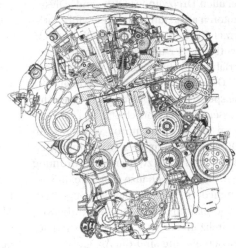

Bild 2
**Längs- und Quer-
schnitt der Vierzy-
lindervariante**

an den Lagerstellen induktiv gehärtet. Der Antrieb der in das Kurbelgehäuse integrierten Ausgleichswelle erfolgt beim Dreizylindermotor vom vorderen Kurbelwellenende aus. Beim Vierzylinderaggregat ist der Antrieb der beiden Ausgleichswellen in die hintere Kurbelwellenwange integriert. Die Hauptlager sind als Aluminium-Zweistofflager ausgeführt. Für die Pleuellagerung kommen Dreistofflager mit Polymerbeschichtung zum Einsatz. Die Pleuel sind geschmiedet und als Stufenpleuel ausgeführt. Im kleinen Pleuelauge werden gewickelte massive Bronzebüchsen eingesetzt.

Zum Ausgleich der freien Massenmomente erster Ordnung kommt für alle Dreizylindermotoren eine geschmiedete und im Kurbelgehäuse gelagerte Ausgleichswelle mit zwei diametral gegenüberliegenden Unwuchtmassen zum Einsatz. Eine dieser Unwuchtmassen ist auf der Welle angeschmiedet. Die Ausgleichswelle wird direkt angetrieben. Dabei wirkt ein in die Kurbelwelle integriertes Zahnrad auf ein an der Ausgleichswelle stirnseitig angeordnetes Antriebsrad. In diesem in Sintertechnik ausgeführten und mit einer Elastomerspur akustisch entkoppelten Antriebsrad ist die zweite Ausgleichsmasse integriert. Zur Reduzierung der Antriebleistung ist die Ausgleichswelle wälzgelagert.

Mit dieser Anordnung, die konzeptgleich

Dreizylinder

Vierzylinder

Bild 3
Kurbelgehäuse

bei allen Dreizylinder-Otto- und -Dieselmotoren ausgeführt ist, ist ein vibrationsarmer Kurbeltrieb möglich. Die Berücksichtigung der unterschiedlichen Brennverfahren und bewegten Triebwerkmassen bei Otto- und Dieselmotoren erfolgt über die spezifische Anpassung der Unwuchtmassen und des Antriebs.

Beim Vierzylindermotor werden zum 100-%-Ausgleich der oszillierenden Massenkräfte der zweiten Motorordnung zwei im Kurbelgehäuse gelagerte und geschmiedete Ausgleichswellen eingesetzt, die gegenläufig mit doppelter Kurbelwellendrehzahl laufen. Zur Reduzierung der Antriebleistung sind die Ausgleichswellen bei den Vierzylindermotoren, analog den Dreizylindermotoren, wälzgelagert. Über den Höhenversatz der beiden identisch ausgeführten Ausgleichswellen werden zusätzlich Momente der zweiten Motorordnung ausgeglichen. Durch den gegenüber dem Vorgänger-Vierzylindermotor etwas geringeren Höhenversatz wird das generierte Wechselmoment in Richtung niedrige Drehzahl verschoben, was besonders dem Komfort im Bereich nahe des Low-end Torques zugutekommt.

Die Ölversorgung erfolgt mittels einer für die Drei- und Vierzylindermotoren identischen, volumenstromvariablen kennfeldgeregelten Pendelschieberpumpe. Sie ist zusammen mit einer im selben Gehäuse integrierten Unterdruckpumpe als Tandempumpe im Ölwannensumpf angeordnet und wird über eine Kette angetrieben. Der Motoröldruck wird hierbei über ein Proportionalmagnetventil stufenlos und gemäß einem in der Motorsteuerung hinterlegten Kennfeld bedarfsgerecht bereitgestellt. Im Hauptölkanal ist ein kombinierter Öldruck- und Öltemperatursensor angeordnet. Dessen Signale werden für die Kennfeldregelung der Ölpumpe und das Motorwärmemanagement genutzt. Über einen Niveausensor in der Ölwanne wird der Ölstand permanent überwacht. Das Ölfiltermodul ist in Kunststoff mit einem integrierten Öl-Wasser-Wärmetauscher ausgeführt.

Beim Ventiltrieb handelt es sich um eine Weiterentwicklung der von Vorgängermotoren bekannten Valvetronic. Der Motor zur Verstellung der Exzenterwelle findet vorne seitlich an der kalten Seite des Zylinderkopfs Platz und wurde in das Package der Ansauganlage integriert. Durch die Weiterentwicklung des Einlassventiltriebs konnte vor allem der Bauraum deutlich verkleinert werden. Aufgrund des Tauschs der Einlassnockenwelle mit der Exzenterwelle konnte deutlich an Höhe gewonnen werden, Bild 4.

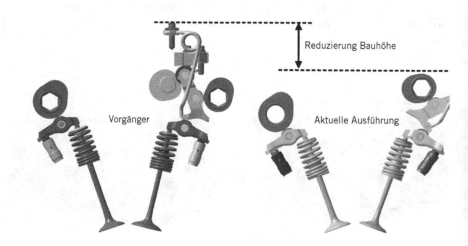

Reduzierung Bauhöhe

Vorgänger

Aktuelle Ausführung

Bild 4
Anordnung Valvetronic im Vergleich zum Vorgängermotor

Die neue Lage des Zwischenhebels und der Kulisse vereinfacht die Krafteinleitung in den Zylinderkopf. Die Kulisse ist über nur eine Schraube am Lagerbock angeschraubt und wird über zwei präzise Anlageflächen im Zylinderkopf positioniert. Die Rückstellfeder für den Zwischenhebel stützt sich zwischen Zylinderkopf und Lagerstelle ab und benötigt daher keinen eigenen Anschraubpunkt. Die Exzenterwelle ist, wie auch schon die Nockenwellen, „gebaut" ausgeführt. Die Auslassnockenwelle treibt auch die Hochdruckpumpe des Einspritzsystems durch einen Dreifachnocken an.

Die Kraftübertragung aus dem Kettentrieb erfolgt über zwei hydraulische Phasensteller. Die dreiflügeligen Aktuatoren haben einen Verstellbereich von 70° auf der Einlass- und 60° auf der Auslassnockenwelle. Der Kettentrieb ist, neu für die Ottomotoren von BMW, an der kraftabgebenden Seite angebracht. Von der Kurbelwelle treibt die hintere kurze Kette nach unten die Tandempumpe (Kombination aus Öl- und Vakuumpumpe) an. Nach oben läuft der Antrieb des Zwischenrads. Das Zwischenrad mit den zwei Kettenspuren (Zähnezahl 24/32) sichert das Übersetzungsverhältnis von Kurbelwelle (24 Zähne) zu Nockenwelle/Phasensteller (36 Zähne) von 2 zu 1. Dadurch können der Durchmesser der Phasensteller und somit die Bauhöhe des Motors reduziert werden. Der Steuertrieb oberhalb des Zwischenrads treibt die Nockenwellen an. Eine im Zylinderkopf verschraubte Führungsschiene zwischen den Phasenstellern dient als Überspringschutz. Sowohl der Zwischentrieb als auch der Steuertrieb verfügen über jeweils einen Kettenspanner. Der Ölpumpentrieb ist derart ausgelegt, dass er ohne Führungs- beziehungsweise Spannsystem arbeitet.

Aufladung

Auch im Bereich der Aufladetechnologie gibt es bei den neuen Motoren von BMW weltweit einmalige Innovationen. So besitzt der neue Vierzylindermotor ein Twinscroll-Turbomodul mit einem integrierten Abgaskrümmer. Durch diese Bauform ist eine sichere Trennung der Abgasfluten bis zum Turbinenrad gewährleistet, was in einem höheren möglichen Drehmoment schon knapp über Leerlaufdrehzahl resultiert und gleichzeitig weitere Potenziale im Ansprechverhalten erschließt. Um eine ausreichende Dehnung des Krümmers und eine Montage in dem sehr engen Package möglich zu machen, ist der Krümmer über eine Klemm-/Schiebeleiste an den Zylinderkopf angeflanscht. Bei diesem Konzept des Intregral-Twinscroll-Abgasturboladers wurde auf eine Wasserkühlung verzichtet.

Gänzlich anders gestaltet sich die Situation beim neuen Dreizylindermotor. Hier kommt weltweit zum ersten Mal in einem Serien-Pkw ein wassergekühlter Vollaluminium-Abgasturbolader in sogenannter Lost-Foam-Technik zum Einsatz. Diese Bauform, die ebenfalls mit einer Klemm-/Schiebeleiste an den Zylinderkopf befestigt ist, schafft große Freiheitsgrade in der Gestaltung. Durch aufwendige CFD-Simulationen wurde sowohl die Abgasseite als auch die Wasserseite im Zusammenspiel mit der Bauteilfestigkeitsberechnung so optimiert, dass durch die Reduzierung des Wandwärmestroms ein minimaler Kühlungsmehraufwand entsteht. Diese Bauform vereint somit trotz Kühlungsmehraufwendungen signifikante Gewichtseinsparungen mit einem erheblichen CO_2-Potenzial. Ein weiterer deutlicher Nebeneffekt sind die im Vergleich zum nichtgekühlten Abgasturbolader aus Stahl niedrigen Abgastemperaturen vor Katalysator von deutlich unter 850 °C. Dies sorgt dafür, dass eine Kataly-

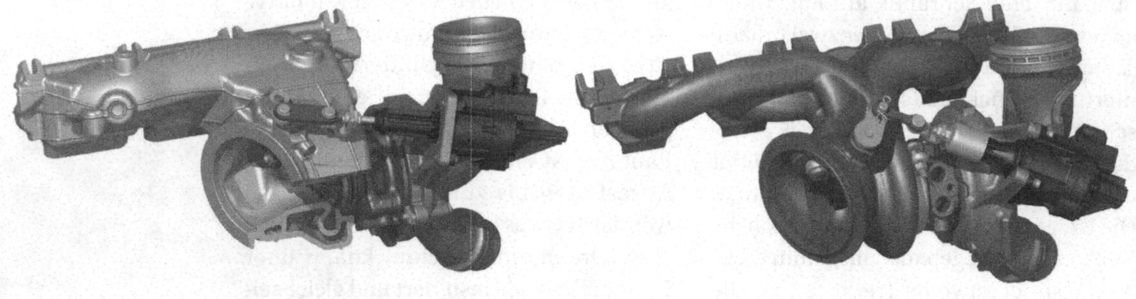

Dreizylinder-Hotend mit wassergekühltem
Aluminium-Turbinengehäuse

Vierzylinder-Integral-Twinscroll- Hotend

Bild 5
Anordnung des Abgasturboladermoduls beim Drei- und Vierzylindermotor

satoralterung so gut wie ausgeschlossen werden kann.

Die Trennebene zwischen Turbomodul und Zylinderkopf wurde bewusst in den Zylinderkopfflansch gelegt, um für die Topvariante des BMW i8 auch einen konventionellen Stahl-Abgasturbolader an den identischen Zylinderkopf anflanschen zu können. Zur Vereinheitlichung der Einbausituation der Abgasanlagen in den Fahrzeugen wurde die Lage des Katalysatorflanschs für den Drei- und Vierzylindermotor identisch gehalten, **Bild 5**.

Thermodynamik, Verbrennung und Applikationen der Einspritzung

Für die neuen Baukasten-Ottomotoren wurde auf Basis des bereits aus den Vorgängermotoren bekannten TwinPower-Turbo-Brennverfahrens eine Weiterentwicklung angestrebt, um zusätzliche Emissionsrandbedingungen einzuhalten und zugleich eine weitere Effizienzsteigerung realisieren zu können. Dazu wurde die Bohrung im Vergleich zum Vorgänger-Ottomotor um 2 auf 82 mm verkleinert. Daraus resultiert ein deutlich größeres Hub-Bohrungs-Verhältnis von 1,15, was ein Optimum hinsichtlich Thermodynamik und Reibung darstellt.

Bild 6 zeigt anhand eines vertikalen Schnitts durch den Brennraum, dass gegenüber dem Vorgänger-Brennverfahren trotz kleinerer Bohrung eine deutlich weitere Kolbenmuldenform gewählt wurde. Zusammen mit einer ebenfalls weiteren Sprayauslegung durch Mehrlochinjektoren mit reduziertem Durchfluss konnte im Zusammenwirken mit der gesteigerten Ladungsbewegung eine deutlich verbesserte Gemischhomogenisierung erzielt werden, die zu einer schnelleren Verbrennung führt. Zudem wurde die Eindringtiefe des Sprays durch die Reduzierung des nominalen Durchflusses bei den Mehrlochinjektoren stark verringert.

Mit einer Optimierung des Spraybilds durch lochindividuelle Mengen- und Richtungsverteilung konnte darüber hinaus ein sehr guter Kompromiss zwischen den Anforderungen beim Katalysatorheizen (Schichtfähigkeit) und denen im betriebswarmen Zustand gefunden werden. Dabei konnten auch die Wandbenetzung von Kolben und Zylinderlaufbuchse sowie die Einlassventilbenetzung auf ein Minimum verringert werden. Weitere Freiheitsgrade im Bereich der Einspritzung eröffnet die sogenannte CVO-Funktionalität (Controlled Valve Operation) der zweiten Generation, bei der ein weiterer Bereich

Vorgänger
: Epsilon 10,0
: Funkenlage 6,0 mm
: „Enge" Module

Neuer Motor
: Epsilon 11,0
: Funkenlage 4,7 mm
: „Weite" Module

**Bild 6
Brennraum-
konfiguration**

der Kennlinie des Injektors für die Kleinstmengen-Einspritzung genutzt werden kann. Beide Maßnahmen wirken sich extrem positiv die Partikelanzahl-Emissionen aus, die im gesamten Kenfeldbereich nochmals deutlich verringert wurden.

Man erkennt in Bild 7 an einem Schnitt in der Zylinderkopfdichtungsebene zum Zündzeitpunkt, dass die Verteilung des Verbrennungsluftverhältnisses gegenüber dem Vorgängermotor deutlich verbessert werden konnte. Ebenso konnte die Funkenlage der Zündkerze um circa 2 mm weiter aus dem Brennraum heraus gezogen werden, was zu einer deutlichen Belastungsreduktion der Zündkerze führt.

Bild 8 zeigt den Verlauf des indizierten spezifischen Kraftstoffverbrauchs über der indizierten Last bei einer Drehzahl von 2000/min. Es ist deutlich zu erkennen, dass durch die Verbesserungen in der Brennverfahrensentwicklung in weiten Bereichen eine Reduzierung des Kraftstoffverbrauchs von bis zu 5 % erreicht werden konnte. Im Bereich der Nennleistung wird der neue Baukastenmotor unter normalen Umgebungsrand-

bedingungen bei stöchiometrischem Luftverhältnis betrieben.

Wärmemanagement

Ein optimales Wärmemanagement ist bei modernen Motoren ein wichtiger Bestandteil, um niedrige Kraftstoffverbräuche im kundenrelevanten Fahrbetrieb zu erreichen. Insbesondere beim Dreizylindermotor geht BMW hier neue Wege. Zentrales Element des neuen Wärmemanagements ist ein wassergekühltes „heißes Ende" (Hotend) mit sowohl gekühltem Krümmer als auch gekühlter Turbine. In Kombination mit einem entsprechend dimensionierten Öl-Wasser-Wärmetauscher dient die zusätzlich gewonnene Wärmeleistung der schnellen Ölerwärmung während der Warmlaufphase. So beträgt die dadurch erzielte Temperaturerhöhung bis zu 19 °C im NEFZ. Die Kühlung der Einheit ist in den Kühlkreislauf integriert und wird vom Zylinderkopf aus versorgt.

Als Kühlmittelpumpe dient eine riemengetriebene mechanische Wasserpumpe. Durch den permanenten Antrieb werden die Vorteile des gekühlten Hotends bei

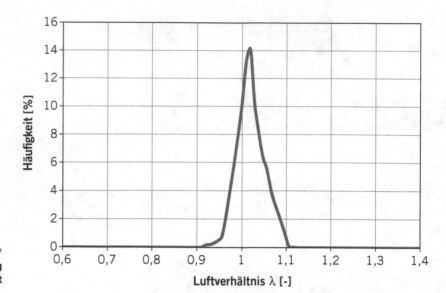

gleichzeitiger Kommunalität zum Diesel-
motor effizient genutzt. Im Gehäuse der
Pumpe ist auch das elektrisch beheizbare
Kennfeldthermostat integriert, welches die
Motoreinlasstemperatur regelt. Zunächst
wird das Kurbelgehäuse auslassseitig längs

durchströmt, anschließend tritt das Kühlmittel in den Zylinderkopf ein, wo es definiert auf thermisch hochbelastete Stellen
des Zylinderkopfs und des wassergekühlten
Hotends verteilt wird. Ein Teil des in den
Zylinderkopf einströmenden Kühlmittels

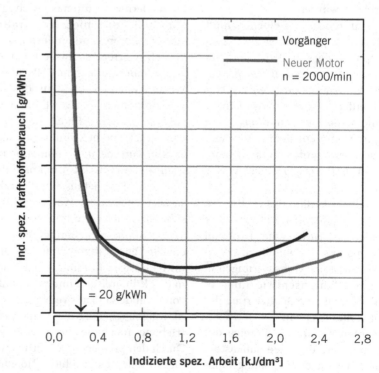

Bild 8
Indizierter
Kraftstoffverbrauch
bei 2000/min

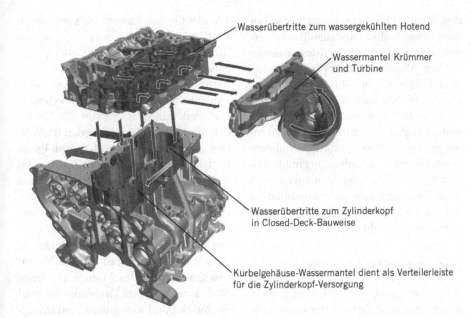

Wasserübertritte zum wassergekühlten Hotend

Wassermantel Krümmer und Turbine

Wasserübertritte zum Zylinderkopf in Closed-Deck-Bauweise

Kurbelgehäuse-Wassermantel dient als Verteilerleiste für die Zylinderkopf-Versorgung

Bild 9
Kühlmittelführung beim Dreizylindermotor mit wassergekühltem Hotend

wird direkt zur Kühlung des Auslassbereichs sowie der Auslassventilstege abgezweigt. Der Hauptvolumenstrom des Kühlmittels tritt über den Zylinderkopf in das Hotend ein, kühlt den Krümmer sowie die Turbine des Abgasturboladers und wird in den Zylinderkopf zurückgeführt. Das Kühlmittel durchströmt den Zylinderkopf sowie das Hotend quer und wird auf der Einlassseite zurück ins Kurbelgehäuse und anschließend zum Kühlervorlauf geleitet. Bild 9 zeigt die motorinterne Kühlmittelführung beispielhaft für den Dreizylindermotor mit wassergekühltem Hotend.

Fahrzeugintegration

Ein weiteres Hauptaugenmerk bei der Konzeption des neuen Motorenbaukastens war die Vereinheitlichung der Schnittstellen für die Integration in die ebenfalls neu entwickelte Fahrzeugplattform mit Front-Queranordnung. Entstanden ist ein modulares Konzept, dessen integraler Bestandteil der neue Motorenbaukasten ist. Dieser besitzt einheitliche Schnittstellen zum Kühlungsbaukasten, zur Ansaugluftführung und zur Abgasanlage. Hierdurch

wird die Komplexität in den Fahrzeugwerken reduziert, zudem bildet das modulare Konzept die Grundlage weiterer Skaleneffekte bei den Peripheriekomponenten. Desweiteren wurden bei der Konzeption der Motorenfamilie auch die neuen fahrzeugseitigen Anforderungen des Fußgängerschutzes und einer Optimierung des Wärmemanagements im Motorraum berücksichtigt.

Kraftstoffverbrauch

Durch die konsequente Weiterentwicklung des Brennverfahrens und der Aufladetechnik, das verbesserte Warmlaufverhalten, den Einsatz eines wassergekühlten Krümmers, die Reibungsreduzierung sowie Optimierungen in der Ansaugluftführung, bei der Ladeluftkühlung und in der Abgasanlage konnte der CO_2-Ausstoß des neuen Dreizylindermotors in Verbindung mit Handschaltgetriebe um 16 % und in Verbindung mit Automatikgetriebe um bis zu 28 % reduziert werden. Dabei konnte zudem die Höchstgeschwindigkeit um 7 beziehungsweise 13 km/h gesteigert werden. Auch im Kundenverbrauch zeigt der neue Dreizylindermotor signifikante Verbesserungen, da er aufgrund des wassergekühlten Abgasturboladers im gesamten Kennfeldbereich bei stöchiometrischem Luftverhältnis betrieben werden kann. Der CO_2-Ausstoß des neuen Vierzylindermotors liegt – bei deutlich verbessertem Ansprechverhaltens aufgrund des höheren Saugmoments – in Verbindung mit Handschaltgetriebe auf gleichem Niveau wie beim Vorgänger und ist in Kombination mit der neuen Automatikgetriebefamilie um bis zu 18 % reduziert.

Leistung und Drehmoment

Bild 10 zeigt die Volllastkurven für die neuen Drei- und Vierzylinder-Ottomotoren. Beim Dreizylindermotor mit 1,5 l Hubraum wird ein Leistungsspektrum von 100 kW für den neuen Mini und bis

170 kW für den Einsatz im Sportwagen BMW i8 abgedeckt, was einer spezifischen Leistung von 67 bis 113 kW/l entspricht.

Beim Drehmoment stellt sich eine ähnliche Spreizung beim Dreizylindertriebwerk dar. Es reicht von 220 Nm für den Mini bis 320 Nm für den BMW i8. Der sogenannte Low-end-Torque-Punkt liegt im neuen Mini bei 1250/min. Das sorgt in Kombination mit der neuen Getriebeauslegung für eine weitere Absenkung des kundenrelevanten Kraftstoffverbrauchs und hohen Fahrkomfort.

Der Vierzylindermotor ist im Ersteinsatz auf ein Leistungsniveau von 141 kW für den Quereinbau des Motors im neuen Mini ausgelegt. Das Drehmoment liegt bei 280 Nm und wird analog zum Dreizylindermotor auch bereits ab 1250/min erreicht. Eine leistungs- und drehmomentgesteigerte Variante wird zu einem

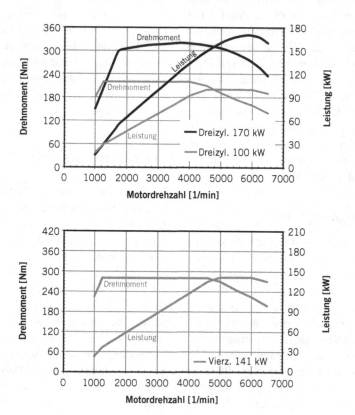

Bild 10
Volllastkurven für die neuen Drei- und Vierzylindermotoren

späteren Zeitpunkt ohne nennenswerte Bauteilmodifikationen folgen.

Durch die gegenüber den Vorgängermotoren im Mini gesteigerten Drehmoment- und Leistungswerte sowie eine ebenfalls neue Automatikgetriebefamilie erreicht der Cooper S deutlich bessere Fahrleistungen. So sind beispielsweise die Beschleunigungswerte von 0 bis 100 km/h beim manuellen Getriebe um 0,2 s und beim Automatikgetriebe um 0,5 s besser. Auch von 80 auf 120 km/h beschleunigt das Fahrzeug mit Handschaltgetriebe 0,6 s schneller. Die Höchstgeschwindigkeit wurde ebenfalls um 8 beziehungsweise 10 km/h gesteigert. Der Anreicherungsbedarf des Motors ist durch die Verbesserungen des Brennverfahrens und durch konsequente Optimierungen des Ladungswechsels in der Ansaugluftführung, bei der Ladeluftkühlung und im Bereich der Abgasanlage auf ein minimales Verbrennungsluftverhältnis von 0,94 begrenzt. Ansonsten wird der neue Vierzylindermotor weitestgehend mit stöchiometrischem Luftverhältnis betrieben.

Signifikante Verbesserungen in allen Disziplinen konnten auch beim Mini Cooper erreicht werden. So konnte durch die Umstellung auf die neuen Dreizylindermotoren die Beschleunigungszeit von 0 bis 100 km/h um 1,2 s mit Handschalt- und um 2,6 s mit Automatikgetriebe reduziert werden. Beeindruckend ist hier auch die Zeitreduzierung bei der Beschleunigung von 80 bis 120 km/h von 2,8 s beim Fahrzeug mit Handschaltgetriebe.

Emissionsreduzierung

Durch die Weiterentwicklung des Brennverfahrens konnte im Vergleich zu den Vorgängermotoren eine deutliche Reduzierung der Rohemissionen erzielt werden. In Verbindung mit einer optimierten Anströmung und Positionierung des motornahen Katalysators, der Einführung eines elektrischen Wastegatestellers sowie der Verfeinerung der Warmlaufstrategie werden die strengsten Abgasnormen weltweit (Euro 6, ULEV, SULEV) ohne Unterschiede bei den Motorbauteilen sicher erfüllt. Der Einsatz des wassergekühlten Krümmers beim neuen Dreizylindermotor sorgt darüber hinaus für eine deutliche Reduzierung der Temperaturbelastung des motornahen Katalysators, die zu einer signifikant geringeren Katalysatoralterung führt.

Zusammenfassung

Mit der Markteinführung der neuen Drei- und Vierzylindermotoren startet BMW einen völlig neuen Motorenbaukasten. Neben der bewährten TwinPower-Turbo-Technologie von BMW – Direkteinspritzung, vollvariabler Ventiltrieb und Abgasturboaufladung – kommen auch völlig neue Technologieelemente wie beispielsweise das wassergekühlte Vollaluminium-Hotend beim Dreizylindermotor zum Einsatz. Der Erstelnsatz der neuen Motoren erfolgt mit der Markteinführung des neuen Mini und als Dreizylinder-Topversion mit 170 kW Nennleistung im neuen Sportwagen BMW i8. In weiterer Folge wird die neue Motorenfamilie durch einen konzeptgleichen Sechszylindermotor vervollständigt und auf die gesamte Fahrzeugflotte von BMW ausgerollt.

Literaturhinweis

[1] Steinparzer, F.; Schwarz, C.; Brüner, T.; Mattes, W.: Die neuen BMW 3- und 4-Zylinder Ottomotoren mit TwinPower Turbo Technologie; 35. Internationales Wiener Motorensymposium, 2014

Dreizylinder-Turbomotor mit Zuschaltung eines Zylinders

Prof. Dr.-Ing. Rudolf Flierl | Prof. Dr.-Ing. Wilhelm Hannibal | Dipl.-Ing. Anton Schurr |
Dipl.-Ing. (FH) Jörg Neugärtner

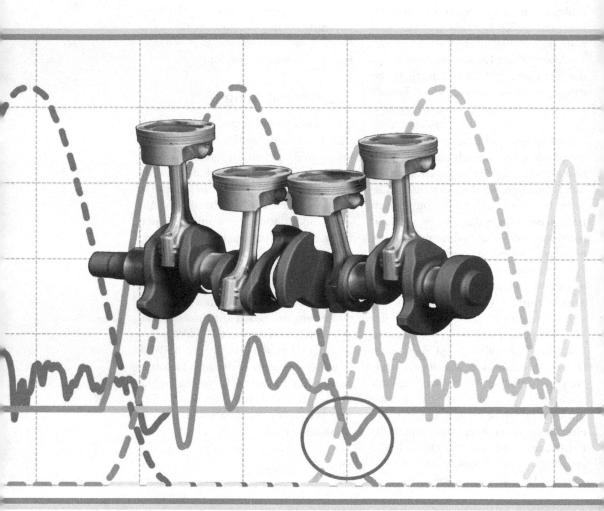

Am Lehrstuhl für Verbrennungskraftmaschinen der Technischen Universität Kaiserslautern wurde ein Dreizylinder-Ottomotor entwickelt, bei dem bei Volllast ein Zylinder zugeschaltet wird. Dieser arbeitet dann parallel zu einem der drei ständig betriebenen Zylinder. Gegenüber konventionellen Konzepten, bei denen ein oder zwei Zylinder von Vierzylindermotoren abgeschaltet werden, ergeben sich Ladungswechselvorteile, die den Kraftstoffverbrauch reduzieren und die Dynamik des Motors steigern.

© Springer Fachmedien Wiesbaden 2015, W. Siebenpfeiffer (Hrsg.),
Fahrerassistenzsysteme und Effiziente Antriebe, ATZ/MTZ-Fachbuch, DOI 10.1007/978-3-658-08161-4_1

Dreizylindermotor wird vermehrt eingesetzt

Der Verbrennungsmotor wird das Hauptantriebsaggregat von Pkw bleiben, auch wenn die Diskussion um rein elektrische oder hybride Antriebsstränge immer mehr an Bedeutung gewinnt. Zu weiteren Effizienzsteigerung werden Otto- und Dieselmotoren hochaufgeladen und im Hubraum reduziert. Dieses sogenannte Downsizing wird zu einem vermehrten Einsatz von Dreizylindermotoren im Pkw-Antrieb führen. Insbesondere der Ladungswechsel des Dreizylindermotors hat gegenüber dem eines konventionellen Vierzylindermotors Vorteile, da sich durch die längeren Zündabstände Pulsationen im Abgasstrom nicht so negativ auf die Füllung auswirken. Bei einem Vierzylindermotor mit langer Auslasssteuerzeit wird beispielsweise der Restgasgehalt von Zylindern in Zündfolge durch die Pulsationen im Abgasrohr erhöht.

Eine Effizienzsteigerung an Verbrennungsmotoren ist mit teil- oder vollvariablen Ventiltrieben möglich. Zur Erreichung eines optimalen Ladungswechsels haben sich vollvariable Ventiltriebe mit Turboaufladung und Direkteinspritzung bereits im Markt etabliert. Eine weitere Option zur Umsetzung eines Verbrauchskonzepts ist die Zylinderabschaltung durch Stilllegung der Gaswechselventile der betreffenden Zylinder. An Vier- und Achtzylindermotoren ist die Zylinderdeaktivierung mittels der Ventilabschaltung in Großserie umgesetzt [1, 2]. Mit mechanisch vollvariablen Ventiltrieben ist eine Zylinderabschaltung ebenfalls umsetzbar, was Vorteile bei der Regelung und im instationären Motorbetrieb mit sich bringt. Die realisierten Lösungen zeigen ein sehr hohes Potenzial zur CO_2-Reduktion [3].

Ladungswechsel des Vierzylindermotors

Bei der Entwicklung von Vierzylinder-Turbomotoren zeigt sich, dass der Restgasgehalt an der Volllast durch die Länge der Auslasssteuerzeit beeinflusst wird [4]. Die Auslassventile von in der Zündfolge benachbarten Zylindern stehen bei diesem Motor gleichzeitig offen, wenn die Auslasssteuerzeit größer als 180 °KW ist. Durch Überschneidung beispielsweise der Auslassventile des ersten und dritten Zylinders kann Abgas vom dritten in den ersten Zylinder überströmen. Durch den erhöhten Rest- und damit verringerten Fristgasgehalt wird das Volllastmoment vermindert. Außerdem beeinflusst die Länge der Auslasssteuerzeit den Expansionsverlust in der Ladungswechselphase und damit den Kraftstoffverbrauch in der Teillast, Bild 1. Nach [4] wird außerdem der Kraftstoffverbrauch in der Teillast, beispielsweise bei einer Last von $p_{me} = 3$ bar, durch eine längere Auslasssteuerzeit um bis zu 5 % reduziert.

Ladungswechsel des Dreizylindermotors

Bei einer Dreizylinderzündfolge kann die Auslasssteuerzeit deutlich verlängert werden, ohne dass der Restgasgehalt an der Volllast ansteigt. In Bild 2 ist der berechnete Restgasgehalt für einen Drei- gegenüber einem Vierzylindermotor aufgetragen. Im Vergleich zum Vierzylinderbetrieb weisen die berechneten Massenströme für den Dreizylinderbetrieb über die Auslassventile nur sehr geringe Werte für die Restgasrückströmung auf.

Aufgrund des geringeren Restgasgehalts steigt der Liefergrad. Dies führt im Vergleich mit einer hubraumkonstanten Zylindereinheit eines Vierzylindermotors zu einem höheren spezifischen Drehmoment. Allerdings reicht die Drehmomentverbesserung mit der Dreizylinderzünd-

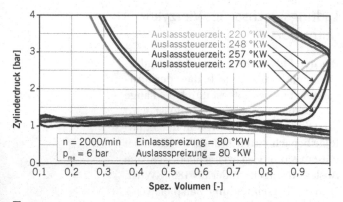

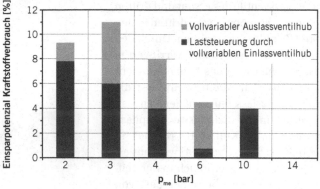

Bild 1
**Kraftstoff-
verbrauchsvorteile
durch eine variable
Auslasssteuerzeit**

folge nicht aus, um an das Drehmoment eines Vierzylindermotors mit gleichem Einzelzylinderhubraum heranzukommen. Um diesen Drehmoment- und Leistungsnachteil des Dreizylindermotors zu kompensieren, könnte man einen vierten Zylinder hinzufügen, den man in der Volllast parallel zu einem der drei Zylinder anordnet und betreibt.

Der Kraftstoffverbrauch eines derartigen Vierzylindermotors mit einer Dreizylinderfolge kann durch eine innere Lastpunktverschiebung verringert werden. Dazu wird der vierte Zylinder durch Stilllegung der Ladungswechselventile nur in der Volllast zugeschaltet. Bei dieser Betrachtung ist insbesondere interessant, wie nahe der Kraftstoffverbrauch dieses speziellen Motors durch seine optimale Auslasssteuerzeit und die innere Lastpunktverschiebung an den Kraftstoffverbrauch eines Vierzylindermotors mit zwei abgeschalteten Zylindern heran-

kommt, wie er heute bereits in Serie realisiert ist.

Innovation des Dreizylindermotors mit Zylinderzuschaltung

Um die oben beschriebenen Vorteile des Drei- und Vierzylinderlayouts in einem Verbrennungsmotor umzusetzen, müsste man lediglich einen Zylinder wahlweise hinzuschalten. Diese Innovation wird an dieser Stelle erstmalig anhand des neuen, ausgeführten Konzepts mit der Bezeichnung Three-Up vorgestellt. Mit Three-Up ist gemeint, dass ein Vierzylindermotor hauptsächlich mit drei aktiven Zylindern betrieben wird. Bei Inanspruchnahme der maximalen Leistung wird der vierte Zylinder durch Zuschaltung aktiviert und nimmt an der Verbrennung teil [5]. An dem Motor wird eine spezielle Kurbelwelle eingesetzt, die den Kurbelstern eines üblichen Dreizylindermotors mit 120° Kröpfungswinkel an drei Zylindern aufweist. Außerdem ist diese Kurbelwelle konstruktiv so ausgeführt, dass zwei der vier Zylinder mit gleicher Kröpfungslage zueinander ausgeführt sind, Titelbild. Die beiden mit gleicher Kröpfung versehenen Zylinder zünden gleichzeitig.

Auslegung und Aufbau des Versuchsträgers

Am Lehrstuhl für Verbrennungskraftmaschinen der TU Kaiserslautern wurde ein turboaufgeladener 1,4-l-Vierzylinder-Ottomotor mit dieser Dreizylinder-Zündfolge aufgebaut. Bei diesem ersten Versuchsmotor wurde die Kurbelwelle aus zwei Vierzylinder-Kurbelwellen „gebaut". Diese wurden dazu getrennt und über kegelige Polygonprofile in den Kurbellagerzapfen wieder verbunden. Dabei ist aus fertigungstechnischen Gründen die parallele Anordnung von Zylinder 2 und 3 gewählt. Selbstverständlich ist eine einteilige konventionell hergestellte Kurbel-

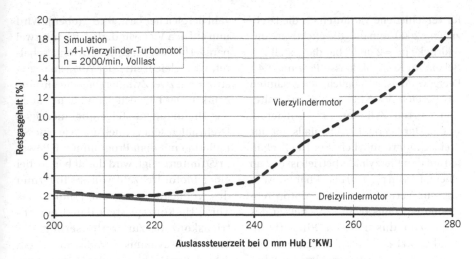

Bild 2
Vergleich des Restgasgehalts an der Volllast bei einem Vier- und Dreizylindermotor

welle von Vorteil. Der Motor ist mit gebauten Nockenwellen ausgerüstet, bei denen die Nocken einfach in einer neuen Position angeordnet werden können. Der Motor ist zudem mit dem mechanischen vollvariablen Ventiltrieb mit der Bezeichnung UniValve auf der Ein- und Auslassseite und mit einer Drosselkappe ausgerüstet. Somit können alle Laststeuerverfahren untersucht werden. Zusätzlich wurde neben der Direkteinspritzung eine Saugrohreinspritzung realisiert. Der vollvariable Ventiltrieb ermöglicht es, diesen Versuchsmotor im Vier-, Drei und Zweizylinderbetrieb zu betreiben.

Erste Versuchsergebnisse am Prototypenmotor

Die gebaute Kurbelwelle hat sich aufgrund der fertigungstechnisch darstellbaren Präzision ungünstig auf die Reibung ausgewirkt; der Reibmitteldruck des Versuchsträgers beträgt > 1 bar beim Lastpunkt n = 2000/min und p_{me} = 2 bar. Trotzdem wurde dieser mit der gebauten Kurbelwelle versehene Motor im Zwei- Drei- und Vierzylindermodus betrieben, dabei wurden unterschiedliche Strategien erprobt. In Bild 3 sind die am Prüfstand ermittelten Kraftstoffverbräuche

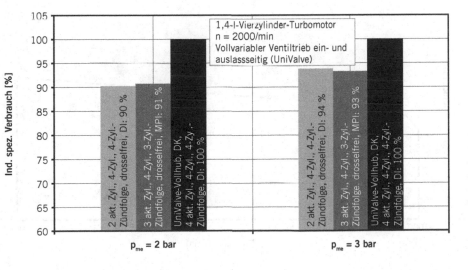

Bild 3
Vergleich des spezifischen Verbrauchs für die Betriebsarten bei einem effektiven Mitteldruck (p_{me}) von 2 und 3 bar (DK = Drosselkontrolle)

für verschiedene Varianten für die Drehzahl n = 2000/min und die effektiven Mitteldrücke p_{me} = 2 und 3 bar dargestellt.

Bei einem Kompaktklasse-Pkw mit 1,4 t Leergewicht ist es möglich, den gesamten Lastbereich des NEFZ mit abgeschaltetem vierten Zylinder zu absolvieren, Bild 4. Der Leerlauf ist ebenfalls mit nur drei Zylindern möglich. Ein Hochschalten auf den Vierzylinderbetrieb ist erst ab einer Last von p_{me} > 10 bis 11 bar notwendig. Zur Vermeidung eines Motordrehmomentsprungs beim Umschalten des Betriebsmodus müssen Eingriffe in Zündwinkel und Lastpfad erfolgen, die den Wirkungsgrad verschlechtern [6]. Damit steigt bei Abschaltkonzepten der Kraftstoffverbrauch durch häufiges Umschalten, und der Vorteil aus den Teillastbetriebspunkten wird reduziert. Da ein Motor nach dem Three-Up-Konzept deutlich weniger Umschaltungen im NEFZ und im Realbetrieb notwendig macht, können zusätzlich CO_2-Emissionen reduziert werden.

Die innere Lastpunktverschiebung führt dazu, dass der Abgasmassenstrom pro Zylinder im Dreizylinderbetrieb steigt. Dieser höhere Abgasmassenstrom führt zu einer gegenüber dem normalen Vierzylindermotor größeren Turboladerdreh-

zahl bei gleicher Last, Bild 5 (oben). Wird nun auf den Vierzylinderbetrieb mit zwei parallel befeuerten Zylindern umgeschaltet, wird gleichzeitig der Abgasmassenstrom von zwei Zylindern auf die Turbine geführt. Der Ladedruck und damit auch das Drehmoment steigen bei niedrigen Drehzahlen sehr schnell an. Wie eine Simulation mit dem Programm GT-Power in ⑤ (unten) zeigt, wird damit bereits bei einer Motordrehzahl von n = 1000/min das Volllastdrehmoment erhöht. Das Three-Up-Konzept stellt damit ein Antriebskonzept zur Verbesserung der Triebwerksdynamik dar, das durch ein schnelleres Hochlaufen der Drehzahl des Turboladers einen schnellen Ladedruckaufbau erwarten lässt.

Betrachtung der Drehungleichförmigkeit

Ähnlich wie bei der Zylinderabschaltung von zwei Zylindern an einem Vierzylindermotor sind auch bei diesem neuen Ansatz im Besonderen die Drehungleichförmigkeit und der Massenausgleich zu betrachten. Bild 6 (unten) zeigt den berechneten Drehmomentverlauf über 720 °KW des Motors auf. Durch die Dreizylinderzündfolge und den

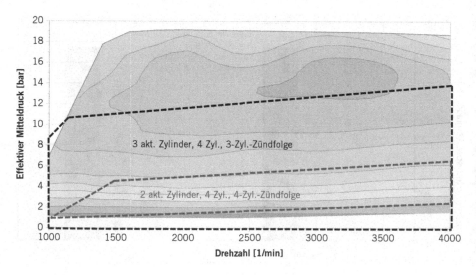

**Bild 4
Vergleich der Betriebsarten im Motorkennfeld**

3 akt. Zylinder, 4 Zyl., 3-Zyl.-Zündfolge

2 akt. Zylinder, 4 Zyl., 4-Zyl.-Zündfolge

Effektiver Mitteldruck [bar]

Drehzahl [1/min]

Gleichlaufbetrieb von zwei Zylindern im Vierzylindermodus kommt es zu einer Anregung der Kurbelwellendrehungleichförmigkeit in der 0,5ten Ordnung. Diese Drehungleichförmigkeit kann zu Getrieberasseln und zu Geräuschabstrahlungen führen. Durch entsprechende Maßnahmen, das heißt durch den Einsatz geeigneter Tilger oder besser eines Zweimassenschwungrads mit Fliehkraftpendeln, können diese Drehungleichförmigkeiten reduziert werden. Außerdem können sie durch leichte Schränkung der gleichlaufenden Zylinder gegeneinander reduziert werden. Diese Schränkung der beiden gleichlaufenden Zylinder erhöht nicht den Kraftstoffverbrauch und beeinflusst das Drehmomentverhalten des Motors bei geringen Drehzahlen (Low-end Torque) nur geringfügig.

In Bild 6 (oben) wird verglichen, wie sich die Maschinendynamik beziehungsweise die Massenkräfte des Three-Up-Konzepts gegenüber einem typischen Drei- und Vierzylindermotor darstellen. Dieser Vergleich zeigt, dass die freien Massenkräfte und Momente der 1. Ordnung auf niedrigem Niveau zunehmen und die der 2. Ordnung im Vergleich zum Vierzylindermotor reduziert sind. Allerdings kommen zusätzlich Anregungen durch freie Momente hinzu. Es bleibt also zu untersuchen, wie sich ein derartiger Motor bezüglich des NVH-Verhaltens im Fahrzeug verhält.

Für den Fahrzeugeinsatz ist aus Komfortgründen die Verwendung eines Zweimas-

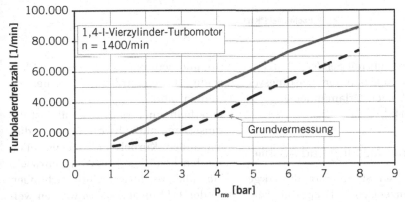

- - 4 akt. Zylinder, 4 Zyl., 4-Zyl.-Zündfolge   — 3 akt. Zylinder, 4 Zyl., 3-Zyl.-Zündfolge

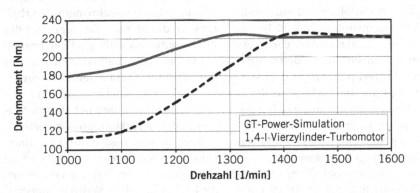

— 4 akt. Zylinder, 4 Zyl., 3-Zyl.-Zündfolge   --- 4 akt. Zylinder, 4 Zyl., 4-Zyl.-Zündfolge

Bild 5
Gemessene Turboladerdrehzahl im Vergleich (oben) und Drehmomentaufbau bei kleinen Drehzahlen (unten)

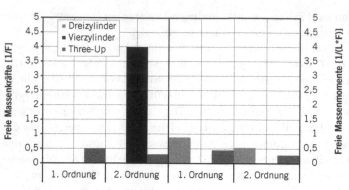

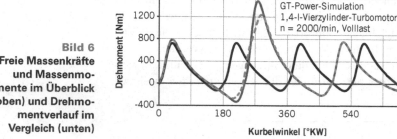

— 4 akt. Zylinder, 4 Zyl., 4-Zyl.-Zündfolge

— 4 akt. Zylinder, 4 Zyl., 3-Zyl.-Zündfolge

– – 4 akt. Zylinder, 4 Zyl., 4-Zyl.-Zündfolge, 15° Schränkung

Bild 6
Freie Massenkräfte und Massenmomente im Überblick (oben) und Drehmomentverlauf im Vergleich (unten)

senschwungrads mit Pendel [7] oder ein System mit sogenannter „Leistungsverzweigung" nach Orlamünder et al. zu empfehlen [8].

Zusammenfassung und Ausblick

Das an dieser Stelle erstmalig vorgestellte Konzept eines Dreizylindermotors mit einem zuschaltbaren Zylinder zu einem Vierzylindermotor und mit Dreizylinderzündfolge weist ein deutliches Verbrauchspotenzial auf. Insbesondere beim hohen motorischen Lasten überwiegen die Vorteile dieses sogenannten Three-Up-Konzepts. Die Vorteile des optimierten Ladungswechsels eines Dreizylindermotors werden genutzt, zudem kann der Verbrennungsmotor im gesamten Testzyklus im Dreizylindermodus gefahren werden, ohne dass eine Zylinderzuschaltung erfolgen muss. Mit einem früheren Ansprechen des Abgasturboladers steigt auch das

Drehmoment bei geringen Drehzahlen, wodurch die Fahrdynamik verbessert werden kann.

Innerhalb einer Motorenfamilie ist die Umsetzung einfach vorstellbar; lediglich andere Kurbel- und Nockenwellen werden benötigt. Die Weiterentwicklung und zukünftigen Untersuchungen an der TU Kaiserslautern werden weitere Potenziale dieses neuartigen Motorenkonzepts aufzeigen. Für die Optimierung des Drehschwingungsverhaltens werden derzeit Konzepte auf der Primärseite, das heißt am Grundmotor, sowie Sekundärmaßnahmen wie der Einsatz eines Zweimassenschwungrads mit Fliehkraftpendeln untersucht [8].

Im Gegensatz zu den bekannten Verbrennungsmotorkonzepten werden mit diesem neuen Ansatz zur Laststeuerung die Zielkriterien Verbrauch und Fahrdynamik gleichzeitig verbessert. An konventionellen Verbrennungsmotoren gelingt dies nur bedingt, da sich die Entwicklungsziele geringer Verbrauch und hohe Dynamik in der Regel nicht ergänzen.

Literaturhinweise

[1] Middendorf, H.; Theobald, J.; Lang, L.; Hartel, K.: Der 1,4-l-TSI-Ottomotor mit Zylinderabschaltung. In: MTZ 73 (2012), Nr. 3

[2] Schäfer, M.; Schiedt, G.; Müller, R.; Jablonski, J.: Der neue V8 TFSI-Motor von Audi, Teil 1. In: MTZ 74 (2013), Nr. 2

[3] Flierl, R.; Lauer, F.: Mechanisch vollvariabler Ventiltrieb und Zylinderabschaltung. In: MTZ 73 (2012), Nr. 4

[4] Schmitt, S.: Potenziale durch Ventiltriebsvariabilität auf der Auslassseite am drosselfrei betriebenen Ottomotor mit einstufiger Turboaufladung. Dissertation, TU Kaiserslautern, VKM-Schriftreihe, Band 8, 2012

[5] N. N.: Kurbelwelle für eine Vierzylinder Brennkraftmaschine. Patent DE 10 2011 054 881 B3 der Fa. Entec Consulting GmbH, Hirschau, Deutsches Patentamt, München

[6] Kortwittenborg, T.; Walter, F.: Strategie zur Steuerung der Zylinderabschaltung. In: MTZ 74 (2013), Nr. 2

[7] Fidlin, A.; Seebacher, R.: Simulationstechnik am Beispiel des ZMS – die Stecknadel im Heuhaufen finden. LUK-Kolloquium, 2006

[8] Orlamünder, A.; Fischer, M.; Lorenz, D.: Die Leistungsverzweigung zur DU Entkopplung – Die (R)Evolution geht weiter. Internationaler VDI-Kongress „Getriebe in Fahrzeugen", Friedrichshafen, 2013

Symbiose aus Energie-rückgewinnung und Downsizing

Dr.-Ing. Heiko Neukirchner | Torsten Semper | Daniel Lüderitz | Oliver Dingel

Abgasenergierückgewinnung ist ein erfolgversprechender Ansatz zur Reduktion des Kraftstoffverbrauchs von zukünftigen Fahrzeugen mit Verbrennungsmotor. IAV verfolgt für den Einsatz im Pkw einen systematischen Ansatz für die Integration eines Clausius-Rankine-Prozesses. Er umfasst einen motornahen Wärmetauscher vor Turbine, einen Hauptwärmetauscher nach Katalysator sowie einen Einzylinder-Hubkolbenexpander. Der gesamte Kreislauf wurde mit Ethanol als Arbeitsmedium am Motorprüfstand untersucht.

© Springer Fachmedien Wiesbaden 2015, W. Siebenpfeiffer (Hrsg.),
Fahrerassistenzsysteme und Effiziente Antriebe, ATZ/MTZ-Fachbuch, DOI 10.1007/978-3-658-08161-4_1

Gesamtheitliche Energiebetrachtung

Der wichtigste Fokus bei der Entwicklung heutiger Fahrzeugantriebskonzepte liegt, neben der Reduzierung von Abgasemissionen, auf der Verbesserung der Primärenergienutzung. Um dieses Ziel zu erreichen, bedarf es zum einen einer Steigerung der Effizienz jeder einzelnen Antriebsstrangkomponente und zum anderen eines intelligenten Energiemanagements zur Vermeidung unnötiger Verluste. Zur Erhöhung des thermodynamischen Wirkungsgrads von Ottomotoren kommt bereits heute eine Vielzahl von innermotorischen Maßnahmen zum Einsatz. Zusätzlich hat sich in den letzten Jahren der Trend zu aufgeladenen Motoren mit kleinem Hubraum durchgesetzt, das sogenannte Downsizing.

Unabhängig von ihrem Hubraum wandeln Verbrennungsmotoren allerdings weniger als 40 % der eingesetzten Kraftstoffenergie in mechanische Energie um. In den niedriglastigen innerstädtischen Fahrzyklen fällt der Wirkungsgrad sogar häufig auf Werte unter 20 %. Der Verlustenergiestrom teilt sich dabei hauptsächlich auf Abgas- und Kühlmittel auf. Im Falle von unterstöchiometrischer Verbrennung treten zusätzlich noch Verluste durch unvollständig verbrannten Kraftstoff auf.

Die zumindest teilweise Nutzung dieser bislang ungenutzten Energieanteile verspricht daher eine weitere, deutliche Senkung des Kraftstoffverbrauchs. In Zulassungszyklen wie dem NEFZ können Pkw-Rekuperationssysteme jedoch, bedingt durch Kaltstart, kurze Zyklusdauer und niedrige Motorlasten, nur einen sehr geringen Beitrag zur Kraftstoffverbrauchssenkung liefern. Betrachtet man Verbrennungsmotor und Abwärmenutzung jedoch nicht losgelöst voneinander, sondern als ein gesamtheitliches, zweistufiges Energiewandlungssystem mit seinen gegenseitigen Interaktionen, so ergeben sich einige weitere Ansätze zur Verbrauchssenkung. Im Folgenden wird beschrieben, wie der Kraftstoffverbrauch eines Fahrzeugs mit aufgeladenem Ottomotor durch die spezifische Auslegung und Integration eines Rankine-Prozesses unter allen Betriebsbedingungen gesenkt werden kann.

Abwärmerückgewinnung mittels Clausius-Rankine-Prozess

In den zurückliegenden Jahren wurden verstärkt unterschiedliche Ansätze zur Nutzung von Verlustwärme in Fahrzeugen untersucht und hinsichtlich ihres Potenzials zur Senkung von Kraftstoffverbrauch und CO_2-Emissionen bewertet [1-4]. Als sehr vielversprechend erwies sich dabei der Clausius-Rankine-Prozess. Dabei handelt es sich um einen Dampfkraftprozess, wie er überwiegend in Wärmekraftwerken zum Einsatz kommt. Der Dampfkreis besteht in seiner einfachsten Ausführung aus einem Dampferzeuger, einer Dampfturbine, einem Kondensator und einer Speisepumpe, Bild 1. Statt einer Dampfturbine können auch andere Expansionsmaschinen wie Hub-, Axial- oder Drehkolbenmotoren zum Einsatz kommen. Im Falle der Abwärmenutzung wird das Medium im Abgaswärmetauscher verdampft.

Der ideale Clausius-Rankine-Prozess ist aus thermodynamischer Sicht ein Rechtsprozess, bei dem die Zustandspunkte im T-s-Diagramm im Uhrzeigersinn durchlaufen werden. Die einzelnen Zustandsänderungen sind nachfolgend für den idealen Prozess beschrieben:

- 1 – 2: isentrope Verdichtung
- 2 – 3: isobare Wärmezufuhr
- 3 – 4: isentrope Expansion
- 4 – 1: isobare Wärmeabfuhr.

Der Wirkungsgrad des Rankine-Prozesses berechnet sich aus dem Verhältnis von nutzbarer Arbeit zu zugeführter Wärme:

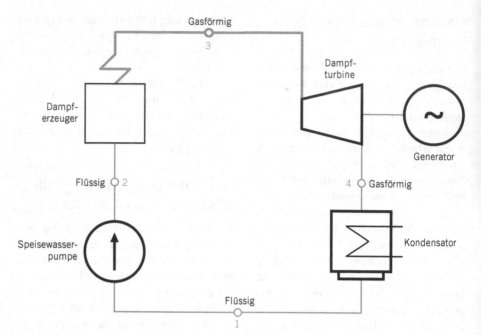

Bild 1
Schema eines
Clausius-Rankine-
Prozesses [5]

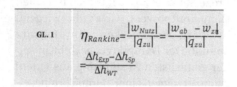

GL. 1
$$\eta_{Rankine}=\frac{|w_{Nutz}|}{|q_{zu}|}=\frac{|w_{ab}-w_{zu}|}{|q_{zu}|}$$
$$=\frac{\Delta h_{Exp}-\Delta h_{Sp}}{\Delta h_{WT}}$$

Rankine-System mit zwei Wärmetauschern

Als Basismotor für die nachstehend beschriebenen Messungen und Simulationen wurde ein aufgeladener 1,4-l-Ottomotor mit Direkteinspritzung gewählt. Mit einem maximalen Drehmoment von 200 Nm bei 1500/min und einer maximalen Leistung von 90 kW bei 5000/min stellt er einen typischen Vertreter heutiger Downsizing-Motoren dar und ist sowohl für Fahrzeuge der Kleinwagen- als auch der Kompakt- und Mittelklasse geeignet. Wie schon in der Einleitung erwähnt, lag der Auslegung eines Rankine-Prozesses bei IAV eine Betrachtung des Gesamtsystems aus Motor und Abwärmenutzung zugrunde. Mit der Applikation des Rankine-Prozess sollten folgende Ziele erreicht werden:

- eine möglichst hohe Wärmeübertragungsrate schon bei geringen Abgasmassenströmen und -temperaturen
- Darstellung des Bauteilschutzes für Turbine und Katalysator mit geringstmöglicher Anfettung an der Motorvolllast
- Nutzung der mechanischen Expanderleistung für ein weiteres Downsizing des Verbrennungsmotors.

Aus diesen Forderungen wurde ein Systemlayout mit einem ersten Wärmetauscher nach Katalysator und einem zweiten Wärmetauscher vor Turbine abgeleitet.

Experimentelle Untersuchungen

Bild 2 zeigt den schematischen Aufbau des Motors mit den Komponenten der Abwärmerückgewinnung am Motorprüfstand. Der Expander war bei diesem Aufbau zur Leistungsmessung an eine Bremse angeschlossen. Eine Rückspeisung der gewonnenen Leistung an den Verbrennungsmotor erfolgte noch nicht. Die beiden Wärmetauscher der ersten

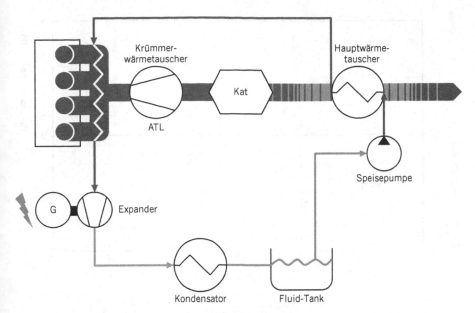

Bild 2
Schematischer Aufbau des Motors mit Clausius-Rankine-Prozess

Generation dienten dem grundsätzlichen Funktionsnachweis des in **Bild 2** dargestellten Konzepts. Sie erfüllten noch nicht weitergehende Anforderungen an Gewicht, Bauraum oder Transientverhalten, die erst in einer zweiten Generation von Bauteilen berücksichtigt werden. Mit der Anordnung der beiden Wärmetauscher konnte nachgewiesen werden, dass im Teillastbereich wegen der höheren Abgastemperatur vor Turbine mehr Wärme rekuperiert werden kann als mit nur einem Wärmetauscher nach Katalysator. An der Volllast konnte außerdem der Anfettungsbedarf zum Bauteilschutz signifikant reduziert werden. Im Nennleistungspunkt konnten circa 80 kW Wärmeleistung aus dem Abgas in den Dampfkreislauf eingekoppelt werden.

Als Expansionsmaschine wurde bei IAV ein Einzylinder-Hubkolbenmotor konstruiert und gefertigt, welcher als Versuchsträger für thermodynamische und tribologische Untersuchungen diente. Unterschiedliche Materialpaarungen und Abdichtungsvarianten ließen außerdem Rückschlüsse auf Verschleißverhalten und Blow-By zu [6].

Simulationsmodelle

Auf Basis der oben genannten Messergebnisse vom Prüfstand wurden Simulationsmodelle für jede Komponente im Programmsystem GT-Suite erstellt und sowohl unter stationären als auch dynamischen Bedingungen validiert. Mithilfe der Simulationsmodelle konnten nun auch die Dimensionen und Kennwerte einzelner Komponenten physikalisch basiert verändert und optimiert werden. Alle Einzelmodelle wurden schließlich miteinander zu einem Gesamtfahrzeugmodell verknüpft, um auf dieser Basis Verbrauchsrechnungen in Fahrzyklen durchführen zu können.

Aufgrund des unterschiedlichen dynamischen Verhaltens von Verbrennungsmotor und Dampfkreislauf wurde der Expander im Modell nicht mechanisch starr mit dem Antriebsstrang des Fahrzeugs gekoppelt. Er wurde mit einem Generator verbunden, der seine elektrische Leistung entweder direkt an einen in den Antriebsstrang integrierten Elektromotor oder an eine Pufferbatterie abgeben kann. Auf diese Weise kann auch rekupe-

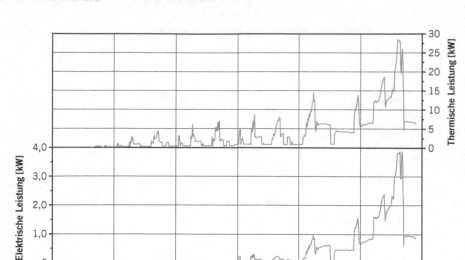

Bild 3
Thermische und elektrische Leistung im NEFZ

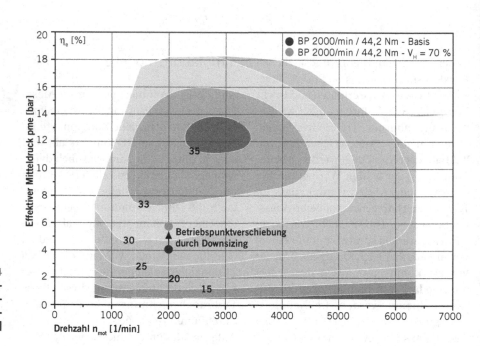

Bild 4
Änderung des effektiven Wirkungsgrads durch Lastpunktanhebung [%]

rierte Energie, die während Verzögerungs- oder Stillstandsphasen anfällt, gespeichert und später wieder genutzt werden. Die dabei auftretenden Energiewandlungsverluste wurden in jedem Schritt durch entsprechende Wirkungsgrade berücksichtigt. Bei der Fahrzyklussimulation wurde schließlich das vom Verbrennungsmotor benötigte Moment um das vom Elektromotor bereitgestellte Moment reduziert.

Simulationsergebnisse

Mit dem Gesamtfahrzeugmodell wurde der Kraftstoffverbrauch im NEFZ einmal

Abkürzungen	
Abkürzung	**Bedeutung**
°C	Grad Celsius
η_{GWT}	Wärmetauschergütegrad
$\eta_{Rankine}$	Rankine-Wirkungsgrad
AER	Abgasenergierückgewinnung
G	Generator
Δh_{Exp}	Spezifische Enthalpieänderung im Expander
Δh_{Sp}	Spezifische Enthalpieänderung in der Speisepumpe
Δh_{WT}	Spezifische Enthalpieänderung im Wärmetauscher
kW	Kilowatt
LLK	Ladeluftkühler
M	Elektrischer Motor
NEFZ	Neuer Europäischer Fahrzyklus
P_{AM}	Thermische Leistung des Arbeitsmediums
P_{Abg}	Thermische Leistung des Abgases
P_{KW}	Thermische Leistung des Kühlwassers
P_{rek_mech}	Rekuperierte mechanische Leistung
Pkw	Personenkraftwagen
q	Spezifische Wärme
q_{zu}	Spezifische zugeführte Wärme
T	Turbine
T_{AbgvWT}	Abgastemperatur vor Wärmetauscher
V	Verdichter
V_H	Hubvolumen
VKM	Verbrennungskraftmaschine
w	Spezifische Arbeit
w_{ab}	Spezifische abgeführte Arbeit
w_{Nutz}	Spezifische Nutzarbeit
WT	Wärmetauscher

mit und einmal ohne beschriebenem Rankine-Prozess simuliert. In beiden Fällen wurde der Kaltstart bei 20 °C berücksichtigt. In **Bild 3** sind die thermische Leistung, die in das Arbeitsmedium übertragen wurde, und die vom Generator erzeugte elektrische Leistung über der Zykluszeit dargestellt. Es ist zu erkennen, dass erst nach circa 600 s elektrische Leistung vom Generator abgegeben wird, obwohl bereits kurz nach dem Start thermische Leistung in das Medium fließt. Diese Verzögerung ist auf die benötigte Aufheizung der Bauteile und des Mediums zurückzuführen. In der Folge wer-

den dann etwa 4 kW als Spitzenleistung erreicht, die aus einer maximalen thermischen Leistung von rund 28 kW gewonnen werden.

Im innerstädtischen Teil des NEFZ führen das Zusatzgewicht der Komponenten zur Abgasenergierückgewinnung und die verlängerte Katheizphase in der Simulation zu einem Verbrauchsanstieg von 0,8 %. Im außerstädtischen Teil des Zyklus kann der Kraftstoffverbrauch dagegen um 7,4 % gesenkt werden. Das führt im gesamten Zyklus zu einem Minderverbrauch von 3,8 %.

Um den Verbrauch im NEFZ weiter zu reduzieren, besteht jedoch noch die Option, die an der Volllast zur Verfügung stehende Expanderleistung nicht zur Steigerung der Systemleistung, sondern zur Verkleinerung des Hubraums zu nutzen. Auf diese Weise kann das Lastkollektiv im Motorkennfeld wirkungsgradsteigernd nach oben verschoben und der Kraftstoffverbrauch damit auch schon im innerstädtischen Teil des NEFZ abgesenkt werden.

Verbrauchspotenzial durch weiteres Downsizing

Beim Downsizing werden die innermotorischen Verluste durch die Verschiebung des Betriebspunktkollektivs verringert. In **Bild 4** ist der effektive Wirkungsgrad des oben beschriebenen 1,4-l-Basismotors in Abhängigkeit von der Drehzahl und des effektiven Mitteldrucks zu sehen. Es ist zu erkennen, dass sich der effektive Wirkungsgrad durch die Betriebspunktverschiebung bei einer Hubraumreduzierung um 30 % unter der Annahme unveränderter Verbrennungseigenschaften vergrößert. Dies führt zu weniger Verlusten und legt den Schluss nahe, dass somit auch weniger Verlustwärme nutzbar ist. Dies soll im Folgenden genauer betrachtet werden.

In **Bild 5** ist zunächst zu erkennen, dass

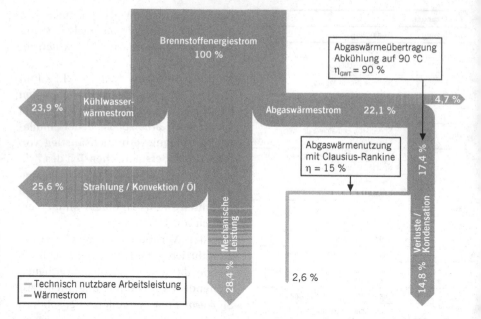

Bild 5
Sankey-Diagramm
des Basismotors
mit Abgasenergie-
rückgewinnung; Be-
triebspunkt 2000/
min / 44,2 Nm

der zu 100 % gesetzte Brennstoffenergie-strom im Betriebspunkt 2000/min und 44,2 Nm zu 28,4 % in mechanische Leistung umgewandelt wird. Die Verluste teilen sich in den Kühlwasserwärmestrom (23,9 %), den Abgaswärmestrom (22,1 %) und die restlichen Verluste wie Ölwärme-strom und Wärmestrahlung/-konvektion auf. Betrachtet man nun die Nutzung der Abgaswärme mit einer angenommenen Abkühlung des Abgases auf 90 °C (Temperatur des Arbeitsmediums vor Wärme-tauscher) und einem Wärmetauscher-gütegrad von 90 % (p_{AM}/p_{Abg}), so können 17,4 % des eingesetzten Brennstoffener-giestroms an das Arbeitsmedium über-tragen werden. Bei Annahme eines Kreis-laufwirkungsgrads von 15 % können also 2,6 % des eingesetzten Brennstoffenergie-stroms zusätzlich mechanisch genutzt werden.

Reduziert man nun für dasselbe An-triebsmoment (44,2 Nm bei 2000/min) den Hubraum des Motors auf 70 %, sind, wie **Bild 6** zeigt, nur 92,1 % des im Basismotor eingesetzten Brennstoffmassenstroms für die gleiche Leistung erforderlich.

Trotz des verringerten Kraftstoff- und da-mit auch Abgasmassenstroms ergibt sich eine fast unveränderte thermische Ab-gasleistung (21,8 statt 22,1 %). Aufgrund der von 550 auf 595 °C gestiegenen Abgas-temperatur wird sogar die gleiche Wär-meleistung wie beim Basismotor (17,4 %) an das Arbeitsmedium des Dampfkreis-laufs übertragen. Somit kann auch mit Downsizing die gleiche mechanische Leistung (2,6 %) wie beim Ausgangsmo-tor rekuperiert werden.

Das Beispiel zeigt, dass Abgasenergie-rückgewinnung und Downsizing nicht im Widerspruch zueinander stehen. Viel-mehr ergänzen sich beide Technologien auf sinnvolle Weise.

Downsizing- und Verbrauchs-potenzial durch Integration des Rankine-Prozesses

Basierend auf den Ergebnissen der Expan-dersimulation konnte nun der Hubraum des Verbrennungsmotors auf 1,22 l redu-ziert werden. Die Systemleistung aus

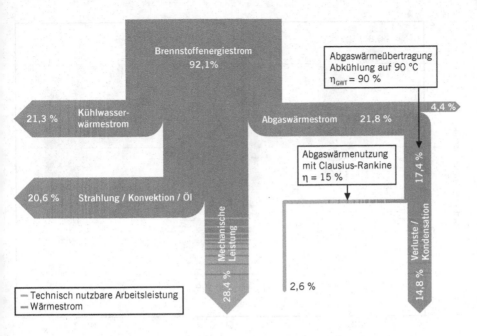

Bild 6
Sankey-Diagramm Downsizing-Motor (V$_H$=70 %) mit Abgasenergierückgewinnung; Betriebspunkt 2000/min / 44,2 Nm (Prozentangaben im Diagramm bezogen auf 100 % Brennstoffenergiestrom des Basismotors)

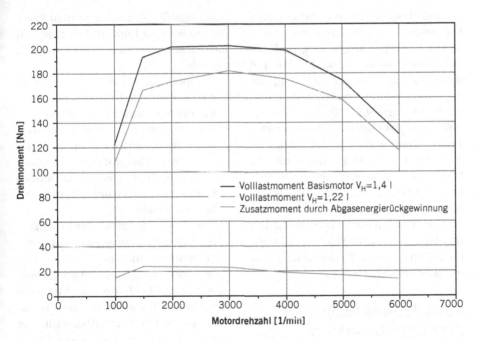

Bild 7
Drehmomentverlauf von Basismotor, Downsizing-Motor und Expander

Downsizing-Motor und Expander entspricht dabei der Leistung des 1,4-l-Basismotors, Bild 7. Die für das Downsizing des Motors erforderliche Expanderleistung erfordert dabei eine Expansionsmaschine, deren Wirkungsgrad über einen sehr großen Leistungsbereich auf einem möglichst hohen Niveau liegt. Das konnte im Expandermodell durch eine Steuerzeitenumschaltung sowie die lastpunktabhängige Regelung des Arbeitsmediums auf die wirkungsgradoptimalen Drü-

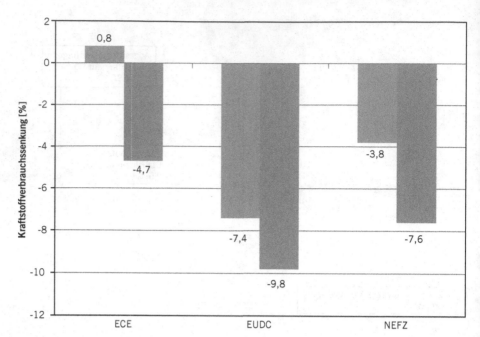

Bild 8
Kraftstoff-
verbrauchs-
einsparung im ECE,
EUDC und NEFZ
ohne (gelb) und mit
Downsizing (blau)

cke und Temperaturen erreicht werden. Die Simulation des Kraftstoffverbrauchs dieses Konzepts zeigte aufgrund des Downsizings bereits im städtischen Teil des NEFZ eine Verbrauchssenkung von 4,7 %. Im außerstädtischen Teil beträgt der Vorteil sogar 9,8 %. Daraus resultiert im Gesamtzyklus ein um 7,6 % abgesenkter Kraftstoffverbrauch. Wie **Bild 8** zeigt, ist das gegenüber dem Basismotor mit 1,4 l Hubraum eine Verdoppelung des Verbrauchspotenzials. Im kommenden WLTC kann aufgrund der größeren Zyklusdauer und den von Anfang an höheren Lasten und Abgastemperaturen für beide Motoren mit höheren Verbrauchseinsparungen als im NEFZ gerechnet werden.

Ausblick: Entwicklung der zweiten Generation von Bauteilen

Weiter oben wurde schon dargestellt, wie der Kraftstoffverbrauch durch eine Gesamtsystemoptimierung, bestehend aus Downsizing und Abwärmerückgewin-

nung, signifikant gesenkt werden kann. Das vorgestellte Konzept bringt jedoch auch einige problematische Eigenschaften mit sich:

- Der motornahe Wärmetauscher führt zu einer verzögerten Erwärmung des Katalysators nach einem Kaltstart.
- Das maximale Drehmoment wird durch den teilweisen Entzug der Abgasenthalpie erst bei größeren Drehzahlen erreicht und der transiente Aufbau des Ladedrucks wird im unteren Drehzahlbereich verlangsamt.
- Der transiente Aufbau der Expanderleistung verläuft langsamer als der des Verbrennungsmotors.

Simulationsrechnungen haben gezeigt, dass sich die beiden ersten Probleme durch eine Integration des Wärmetauschers vor Turbine in den Abgaskrümmer weitestgehend vermeiden lassen. Durch die Wandlung und Zwischenspeicherung der Expanderarbeit in elektrische Energie lässt sich der Nachteil von Punkt drei durch die elektromotorische Rückspeisung sogar überkompensieren.

Aufbauend auf den Erkenntnissen der

ersten Generation wird bei IAV im laufenden Jahr eine zweite Generation von Komponenten entwickelt und am Prüfstand getestet. Alle Bauteile werden so ausgelegt, dass ihre Komplexität trotz des hohen Wirkungsgrads möglichst gering bleibt und sie in das Package eines Fahrzeugs der Kompaktklasse passen. Parallel zu dem optimierten Hubkolbenexpander wird außerdem eine selbstentwickelte Gleichdruckturbine als alternative Arbeitsmaschine untersucht.

Zusammenfassung

Die Abgasenergierückgewinnung ist ein erfolgversprechender Ansatz zur Reduktion des Kraftstoffverbrauchs von Verbrennungsmotoren. Ihre Wirkung ist jedoch in den für die Zulassung von Pkw typischen Fahrzyklen, wie dem NEFZ, stark eingeschränkt. Es ist daher erforderlich, ein Gesamtsystem aus Verbrennungsmotor und Abgasenergierückgewinnung so auszulegen, dass es auch kurz nach dem Kaltstart und bei niedrigen Motorlasten den Verbrauch senkt.

Die vorgestellten Ergebnisse zeigen, dass dies durch die Anordnung eines motornahen Wärmetauschers und eines Wärmetauschers nach Katalysator bei gleichzeitigem Downsizing möglich wird. Das Downsizing wird hierbei durch die Nutzung der Abwärme bis zur Volllast realisiert. Der Wärmetauscher vor Turbine hat in diesem Konzept eine doppelte Aufgabe. Er nutzt den Vorteil der heißeren Motorabgase zur Wirkungsgradsteigerung und hilft, die zum Bauteilschutz notwendige Anfettung des Motors zu verringern. Es konnte außerdem gezeigt werden, dass Downsizing und Abgasenergienutzung nicht im Widerspruch stehen, sondern sich sinnvoll ergänzen. In dem vorgestellten Modell konnte das Verbrauchsminderungspotenzial im NEFZ auf diese Weise verdoppelt werden.

Literaturhinweise

[1] Dingel, O.; Semper, T.; Ambrosius, V.; Seebode, J.: Abwärmerekuperation: Welche Alternativen gibt es zum thermoelektrischen Generator? 3. IAV-Tagung „Thermoelektrik", Berlin, 2012

[2] Jakobi, M.: Chemische Wärmespeicher zum Heizen und Kühlen von Fahrzeugen. 3. IAV-Tagung „Thermoelektrik", Berlin, 2012

[3] Zegenhagen, T.: Dampfstrahlkälteanlage zur Kälteerzeugung aus Abgaswärme. 3. IAV-Tagung „Thermoelektrik", Berlin, 2012

[4] Kitte, J.: Bedarfsorientierte Modell- und Simulationsarchitektur am Beispiel der ganzheitlichen Systemdimensionierung eines mehrflutigen Thermogenerators. 3. IAV-Tagung „Thermoelektrik", Berlin, 2012

[5] Fließbach, E.: Studie zur Energiebilanz eines Verbrennungsmotors mit E-Booster und Abgasenergierückgewinnung. Diplomarbeit, HTW Dresden, 2012

[6] Neukirchner, H.; Arnold, T.: Untersuchungen zu Abdichtungen von Dampfexpansionsmaschinen. 17. Internationale Dichtungstagung, Stuttgart, 2012

Elektrifizierter Antriebsstrang – mehr Effizienz durch vorausschauendes Energiemanagement

Dr.-Ing. Armin Engstle | M. Sc. Andreas Zinkl | Dipl.-Ing. Anton Angermaier | Dr. Wolfgang Schelter

Das AVL-Softwarepaket „upgrade-E" ermöglicht die Vorausberechnung des zu erwartenden Geschwindigkeits-, Steigungs- und Antriebsleistungsprofils einer unbekannten Fahrstrecke. Die Entwicklungsplattform greift dafür größtenteils auf frei verfügbare Datenformate wie Open Street Map (OSM) und SRTM-Höhenprofildaten zu. Auf Basis der prädizierten Fahrprofile ergeben sich eine Vielzahl von Optimierungsmöglichkeiten klassischer Fahrzeug-/Antriebsfunktionen. Die prototypische Umsetzung der Software erfolgt im AVL-Elektrofahrzeug Coup-e 800 auf einem konventionellen 7-Zoll-Tablet-PC mit entsprechenden Schnittstellen zum Fahrzeug-CAN.

Grund-Intention und Funktionalitäten

Der Ansatz mithilfe von Navigations- und Höhenprofildaten den Geschwindigkeits- und Steigungsverlauf einer möglichen Fahrstrecke vorauszuberechnen und dadurch die benötigte Antriebsleistung voraus zu berechnen ist aus der Literatur hinlänglich bekannt [1], [2]. Für (elektrifizierte) Fahrzeugantriebe ergeben sich dadurch die folgenden funktionalen Optimierungsmöglichkeiten:

- Elektrische Reichweitenanzeige: In allen Umfragen zur Elektromobilität wird nach wie vor die zu geringe Reichweite als größter Nachteil von Elektrofahrzeugen angegeben [3]. Neben der Erhöhung der Reichweite stellt die präzise Darstellung der Restreichweite eine der Möglichkeiten dar, die Sicherheit beim Kunden zu erhöhen.
- Betriebsstrategie: Gerade bei PHEV und Range-Extender Fahrzeugen lässt sich durch die Information des zu erwartenden Geschwindigkeits-, Steigungs- und Antriebsleistungsprofils der Betrieb des Verbrennungsmotors/ Range Extenders deutlich besser an die Gegebenheiten der Verkehrssituation anpassen.
- Antriebsdiagnose: Für eine Vielzahl von Antriebsdiagnosen (Verbrennungsmotor, E-Motor) ist es energetisch günstig, sie in definierten Lastfällen durchzuführen. Auch Betriebszustände wie die Katalysator-Regeneration im Abgastrakt können durch die Information des prädizierten Fahrprofils energetisch optimiert werden.
- Integration Fahrer: Durch die Information des Fahrprofils ist es möglich dem Fahrer deutlich gezielter Entscheidungshilfen vorzuschlagen, welche die elektrische Reichweite beziehungsweise den Energiehaushalt seines Fahrzeugs beeinflussen. So ist zum Beispiel die zeitnahe und exakte Darstellung der Auswirkungen einer Reduzierung der Maximalgeschwindigkeit (v-Limiter) auf die elektrische Reichweite unabdingbar, um dem Fahrer den Effekt „seiner Energiemanagementmaßnahme" transparent vor Augen zu führen.

Qualitätskriterien

Voraussetzung für das Erzielen eines energetischen Vorteils ist, dass die berechneten Fahrprofile mit dem später tatsächlich gefahrenen Profil möglichst gut übereinstimmen.

Zur Bewertung des, durch ein prädiktives Energiemanagement erreichbaren funktionalen Vorteils werden drei Kriterien eingeführt, welche eine Beurteilung der Qualität des Geschwindigkeits-/Steigungs- und Leistungsprofils zulassen:

- Eingangsdaten: Wie gut entspricht das prognostizierte Geschwindigkeitsprofil/Steigungsprofil der gefahrenen Strecke?
- Simulation: Wie gut entspricht das simulierte Leistungsprofil der gemessenen Leistungsaufnahme des Fahrzeugs?
- Rechenzeit: Wie lange benötigt das System für die energetische Prädiktion einer Strecke von 100 km?

Dabei „konkurriert" das Qualitätskriterium „Rechenzeit" mit einer Erhöhung des Detaillierungsgrades der Eingangsdaten und mit einer Erhöhung der Simulationsgenauigkeit. Da die Rechenzeit eine kritische Größe für den Kundennutzen darstellt (der Kunde möchte nicht mehrere Minuten auf die Anzeige des elektrischen Reichweitenhorizontes warten), existiert prinzipiell die Möglichkeit, den gesamten Prozess der Datenaufbereitung in einem Rechenzentrum und nicht „onboard" im Fahrzeug durchzuführen. Das Softwarepaket „AVL upgrade-E" kann in beiden Szenarien (onboard und Backbone) eingesetzt werden. Da die Berechnung im Fahrzeug Vorteile bzgl.

Datenschutz und Ausfallsicherheit bei fehlender Netzabdeckung aufweist, wurde im Prototypen die Onboard-Variante umgesetzt.

Bild 1 beschreibt den zweistufigen Aufbau zur Bewertung von prädiktiven Energiemanagementsystemen. Während der untere Funktionsteil (Erzeugung Fahrprofile) für alle Antriebskonzepte (PHEV, REX, EV) gleich ist, ist die Optimierung der (Kunden-) Funktionen stark vom Antriebskonzept abhängig. Der „finale" Mehrwert des prädiktiven Energiemanagements besteht entweder in der Erhöhung der elektrischen Reichweite oder einer Reduzierung des Kraftstoffverbrauchs.

Software-Architektur

Neben dem Geschwindigkeitsprofil (Berechnung Hauptfahrwiderstände) und dem Höhenprofil (Berechnung Steigungswiderstand) hat die Leistung der elektrischen Nebenaggregate einen bedeutenden Einfluss auf den Energieverbrauch (elektrifizierter) Fahrzeuge. Auf Basis der aktuellen – vom CAN eingelesenen – Nebenaggregatelast (Scheibenwischer, Licht, Klimakompressor, etc.), der

Außentemperatur, der aktuellen und der gewünschten Innenraumtemperatur berechnet das prädiktive Energiemanagement die Nebenaggregateleistung über der Zeit voraus.

Der aktuelle State-of-Charge des Batteriespeichers wird mit einer Abtastzeit von einer Minute kontinuierlich aus dem Fahrzeug-CAN ausgelesen, mit dem simulierten Wert verglichen und gegebenenfalls als neuer Initialwert in die Simulationsumgebung übernommen.

Zur Berücksichtigung des Leistungsvermögens der elektrischen Antriebskomponenten werden die Temperaturen der Antriebskomponenten (E-Motor, Inverter, HV-Batterie) ebenfalls in der Simulationsumgebung berücksichtigt.

Die gesamte Softwarearchitektur, sowie der Prozess der Datenaufarbeitung, Simulation und abschließenden Visulisierung auf dem Fahrzeug-HMI (prototypisch Tablet-PC) ist in **Bild 2** dargestellt. Als Versuchsträger zum Test der dargestellten Funktionen wird das AVL-Elektrofahrzeug „Coup-e 800" verwendet [4].

In den folgenden drei Unterkapiteln wird die Erzeugung der Haupteingangsdaten

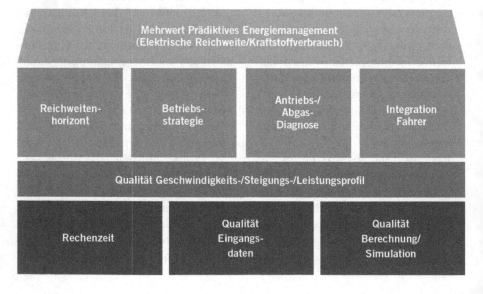

Bild 1
Mehrwert Prädiktives Energiemanagement; Qualitätskriterien Fahrprofile (unterer Teil), funktionale Optimierungsmöglichkeiten Antrieb/Fahrzeug (oberer Teil)

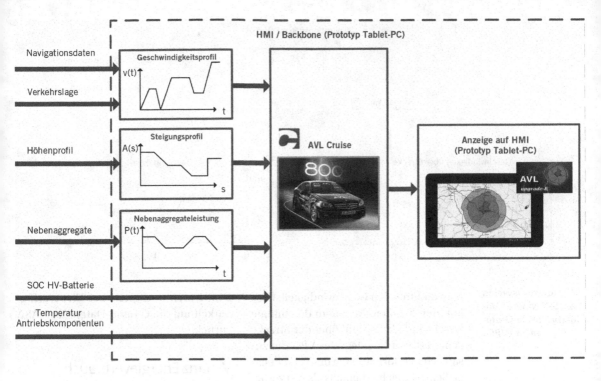

Bild 2
SW-Architektur des
AVL upgrade-E

der Simulation aus den verfügbaren Rohdaten detailliert beschrieben.

Open-Street-Map Navigationsdaten

In Navigationssystemen liegt das Kartenmaterial in Form von Knoten und Kanten vor. Knoten sind in Form von Längen- und Breitengraden definiert und markieren Straßenpunkte an denen eine Richtungsänderung stattfindet/stattfinden kann. Die Knoten selbst sind untereinander durch Kanten verbunden, welche die Information der Wegstreckenlänge zwischen den beiden Knoten sowie die Straßenklasse (Landstraße, BAB etc.) beinhalten. Um nun aus dem Kartenmaterial ein möglichst realitätsnahes Geschwindigkeitsprofil abzuleiten, werden zunächst die bereitgestellte Durchschnittsgeschwindigkeit jeder Kante in einem Geschwindigkeit über Strecke-Diagramm aneinandergereiht, Bild 3 (Schritt 2). Unter Berücksichtigung

von Fahrercharakteristika wie sportlich, komfortabel etc. werden im Anschluss die Beschleunigungs- sowie Stillstandszeiten berücksichtigt und das Geschwindigkeitsprofil über der Strecke in ein Geschwindigkeitsprofil über der Zeit überführt. Die beschriebenen Prozessschritte zur Generierung des Fahrprofils/Geschwindigkeitsprofils sind in Bild 3 dargestellt.

Verkehrslagedienste

Da das im vorangehenden Kapitel abgeleitete Geschwindigkeitsprofil lediglich die Durchschnittsgeschwindigkeiten auf den entsprechenden Streckenabschnitten berücksichtigt, muss das Fahrprofil mit aktuellen Informationen zur Verkehrslage beziehungsweise zum Verkehrsfluss angereichert und qualitativ aufgewertet werden.
Kommerzielle Verkehrslagedienste-Anbieter werten die GPS-Signale von aktiven Navigationsgeräten aus und bestim-

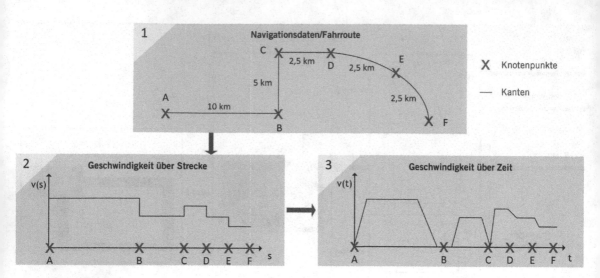

Bild 3
Funktionsweise des SW-Moduls Velocity Profile Generator (VPG)

men dadurch den Geschwindigkeitsfluss auf den Straßen. Nachdem das initiale Geschwindigkeitsprofil über der Strecke generiert wurde, pflegt der VPG die zusätzlichen Informationen des Verkehrslagediensts, welche ebenfalls als v(s) vorliegen in das Geschwindigkeitsprofil ein.

SRTM-Höhenprofildaten

Die im Rahmen der „Shuttle Radar Topography Mission" erzeugten, frei verfügbaren Höhendaten wurden von zwei unterschiedlichen Radarsystemen (C- und X-Band) in unterschiedlichen Auflösungen aufgenommen [5]. Während die NASA (C-Band) nahezu den gesamten Erdball zwischen dem sechzigsten nördlichen und südlichen Breitengrad mit einer „geringen" Auflösung von 90 x 90 m und einer Höhendifferenz von 6 m veröffentlicht hat, decken die frei verfügbaren Daten des DLR nur etwa 40 % der Erdoberfläche ab und liegen dafür aber mit einer Auflösung von 25 x 25 m und einer Höhendifferenz von 1 m vor. Um die Berechnung des Steigungswiderstands immer mit der höchsten Genauigkeit durchzuführen, prüft ein Algorithmus für jeden Streckenabschnitt zunächst die Verfügbarkeit der

DLR-Daten und greift bei Nichtverfügbarkeit auf die C-Band-Daten der NASA zurück.

Varianz Energieverbrauch

Bevor eine Bewertung der Qualität der Algorithmen durchgeführt wird, ist zu diskutieren, wie stark der Energieverbrauch eines (Elektro-) Fahrzeugs bei mehrmaligem Fahren des gleichen Streckenverlaufs unter ähnlichen Verkehrsbedingungen variiert. Bild 4 beschreibt das Geschwindigkeitsprofil für ein und dieselbe Strecke, die zweimal unter gleichen Randbedingungen (Fahrer, Tageszeit, Verkehrssituation) gefahren wurde. Der Fahrer hatte dabei lediglich die Vorgabe, sich halbwegs an die Geschwindigkeitsbegrenzungen zu halten.

Der Rundkurs mit einer Streckenlänge von etwa 28,3 km wurde beim ersten Mal in einer Zeit von 2420 s bewältigt (Durchschnittsgeschwindigkeit 42,2 km/h), beim zweiten Mal in 2544 s (Durchschnittsgeschwindigkeit 40,0 km/h). Während der Energieverbrauch des Elektrofahrzeugs für die erste Fahrt mit 5,75 kWh angegeben werden kann, liegt er für die zweite Fahrt bei 5,55 kWh. Dies bedeutet, dass der Energieverbrauch in die-

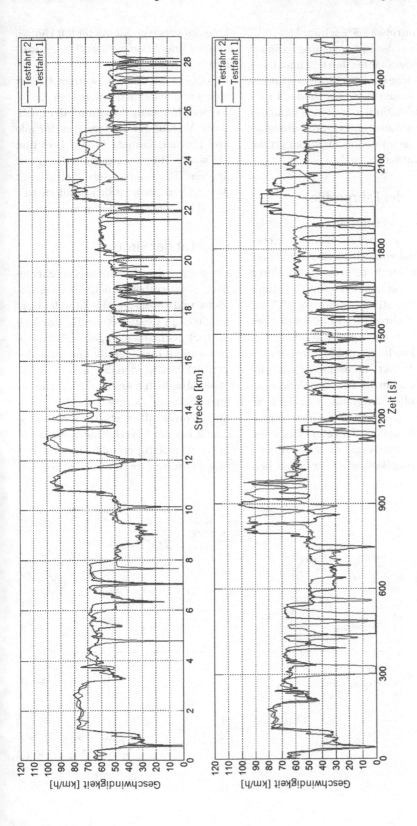

Bild 4
Vergleich des Geschwindigkeitsverlaufs bei gleichem Streckenprofil und ähnlichen Randparametern

sem Fall um etwa 3,5 % schwankt. Wenngleich die Untersuchung lediglich eine Einzelaufnahme darstellt und durch umfangreiche statistische Auswertungen zu untermauern ist, gib sie doch eine (erste) Indikation, in welchem Band der Energieverbrauch eines Elektrofahrzeugs bei günstigen Randbedingungen grundsätzlich variiert.

Qualität der Fahrprofile

Bild 5 vergleicht die Geschwindigkeit sowie das Höhenprofil zwischen gefahrener Strecke und vorausberechnetem Verlauf für einen zweiten, etwas schnelleren Rundkurs mit signifikantem Steigungsverlauf. Die Strecke von etwa 37,7 km wurde im Fahrversuch in 1866 s Fahrzeit bewältigt (Durchschnittsgeschwindigkeit 72,7 km/h), die prädizierte Fahrzeit liegt bei 1947 s (Durchschnittsgeschwindigkeit 70,0 km/h). Die Korrelation des Geschwindigkeitsverlaufs über der Strecke ist durchaus als „brauchbar" einzustufen, solange sich der Fahrer an die Geschwindigkeitsvorgaben hält. Abweichungen zum Beispiel infolge eines Über-

holmanövers (vgl. Kilometer 20) können von der Prädiktion nicht antizipiert werden.

Im Gegensatz zu der aus energetischer Sicht unbedeutenden Differenz in der absoluten Höhenangabe stimmt der qualitative Verlauf der Höhendaten für alle drei Eingangsformate (SRTM USA und EU sowie Höhenmesser im GPS) gut überein. Die energetische Sensitivität der drei Verläufe lässt sich simulativ zu < 0,2 kWh (< 1 % SOC) bestimmen.

Qualität der Simulation

Um die prädizierte Fahrstrecke energetisch vorauszuberechnen wird die Antriebs- und Bordnetzarchitektur des Elektrofahrzeugs Coupe-800 im 1D-Simulationstool „Cruise" nachgebildet. Neben den Hauptfahrwiderständen und der Bordnetzlast werden dadurch auch alle Massenträgheiten und Verlustmechanismen (Reibung, Komponentenverluste, Aufwärmverhalten etc.) im Antriebsstrang bei der Berechnung berücksichtigt. Gleichzeitig erlaubt die Modellierung in Cruise eine komfortable und mo-

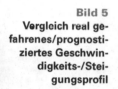

Bild 5
Vergleich real gefahrenes/prognostiziertes Geschwindigkeits-/Steigungsprofil

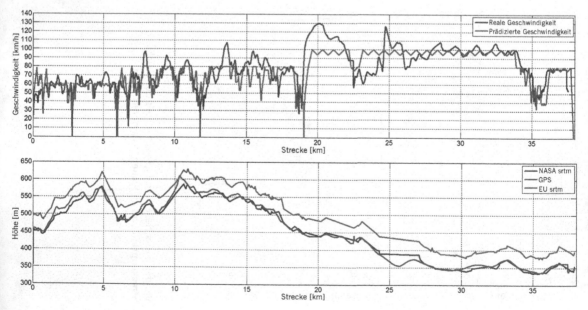

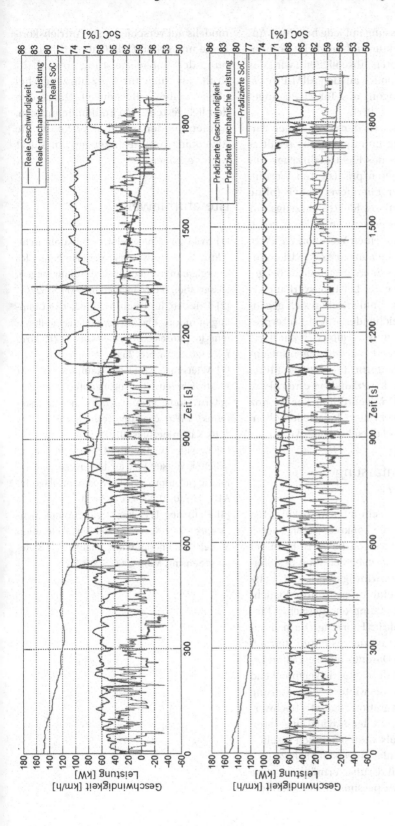

Bild 6
Vergleich von gemessener Leistungsabgabe und SOC des realen Geschwindigkeits-/Höhenprofils mit dem Simulationsergebnis des prädizierten Geschwindigkeits-/Höhenprofils

dulare Anpassung auf jede beliebige Antriebsarchitektur und mögliche Komponentenvarianten. Abschließend wird das Simulationsmodell auf den ARM-Prozessor (Snapdragon) des Tablet-PC angepasst und kompiliert.

Bild 6 vergleicht den Verlauf der Antriebsleistung und des daraus resultierenden SOCs des Elektrofahrzeugs mit den berechneten/prädizierten Werten. Während der Energieverbrauch (ohne Rekuperation) des Elektrofahrzeugs mit 7,14 kWh angegeben werden kann, ergab die Simulation einen Wert von 7,2 kWh. Wenngleich die nahezu exakte Übereinstimmung des Energieverbrauchs bei genauer Analyse der Leistungsverläufe als günstiges Zusammentreffen sich gegenseitig ausgleichender Effekte interpretiert werden muss, ergibt sich auf Basis umfangreicherer Auswertungen folgender Sachverhalt: Im statistischen Mittel liegt die, mit der Prädiktion erreichbare Güte in der Größenordnung der Varianz des Energieverbrauchs bei wiederholtem Fahren ein und derselben Strecke.

Zusammenfassung und Ausblick

In dem aktuell sehr intensiv diskutierten aber noch wenig konkretisierten Thema Car-to-X/Connected Powertrain bildet die präzise Vorausberechnung des Steigungs-, Geschwindigkeits- und Leistungsprofils eine interessante Möglichkeit zur Umsetzung energetischer Einsparpotenziale im Fahrzeug. Die in dieser Veröffentlichung dargestellten und auf Basis offener Datenformate erzielten Ergebnisse sind durchaus vielversprechend und lassen eine weitere Verbesserung durch die Integration qualitativ hochwertiger kommerzieller Navigations-/Steigungsdaten als wahrscheinlich erscheinen. Die modular aufgebaute Fahrzeugsimulation mit Cruise ermöglicht eine komfortable Anpassung des Simulations-

modells auf verschiedenste Antriebskonzepte und erlaubt die Onboard-Berechnung der Antriebsleistung sowohl für Kraft- als auch für Nutzfahrzeuge bei überschaubarer Rechenzeit. Durch den deutlich gesteigerten Endkundennutzen, werden die dargestellten Verfahren die Akzeptanz von E-Fahrzeugen am Markt weiter erhöhen.

Literaturhinweise

[1] Wilde, A.: Eine modulare Funktionsarchitektur für adaptives und vorausschauendes Energiemanagement in Hybridfahrzeugen. Dissertation. TU München. 10/2009. S. 52 ff.

[2] Kriesten, R.; Traub, M.: Predictive Coupling of routing and energy management systems for pure electric vehicles. In: ATZelektronik 8 (2013), Nr. 6, S. 26 ff.

[3] Wietschel, M. et al.: Kaufpotenzial für Elektrofahrzeuge bei sogenannten „Early Adoptern". Studie im Auftrag des Bundesministeriums für Wirtschaft und Technologie (BMWi), S. 10, Karlsruhe, Juni 2012

[4] Engstle, A.; Deiml, M.; Angermaier, A.; Schelter, W.: 800 Volt für Elektrofahrzeuge – Eine applikationsgerechte Spannungslage. In: ATZ 115 (2013), Nr. 9, S. 688-693

[5] Hoffmann, J.; Walter, D.: How Complementary are SRTM-X and -C Band Digital Elevation Models? Photogrammatic Engineering & Remote Sensing. März 2006, S. 261-268

Energiespeichersystem – mehr Energieeffizienz mit dem 12-V-Bordnetz

Dr.-Ing. Marc Nalbach | Dr. Christian Amsel | Dipl.-Ing. Sebastian Kahnt

Mittels Energiespeichersystemen – einem Zusatzspeicher plus DC/DC-Wandler – können Hybridfunktionen wie Segeln und Rekuperation auch in konventionell angetriebenen Fahrzeugen umgesetzt werden. Hella und Intedis bewerten und optimieren die Auslegung der neuen Systemkomponenten bezüglich Energieinhalt und Leistungsfähigkeit. Die zu erwartende CO_2-Ersparnis sowie Kosten und Nutzen werden dabei abgewogen. Bleibatterien, Doppelschichtkondensatoren und verschiedene Auslegungen von Lithium-Ionen-Akkus kommen bei der Auswahl der Energiespeicher in Betracht.

© Springer Fachmedien Wiesbaden 2015, W. Siebenpfeiffer (Hrsg.), *Fahrerassistenzsysteme und Effiziente Antriebe*, ATZ/MTZ-Fachbuch, DOI 10.1007/978-3-658-08161-4_1

Ausgangssituation

Angesichts der herausfordernden CO_2-Ziele müssen neue Fahrzeugfunktionen wie Segeln und regeneratives Bremsen implementiert werden [1]. Diese bekannten Hybridfunktionen werden einen posi-tiven Beitrag zur Emissionsreduktion leisten, wenn sie insbesondere auch in der breiten Masse der konventionell verbrennungsmotorischen Fahrzeuge Umsetzung finden. Für diese Realisierung ist im Systemumfeld eines herkömmlichen 12-V-Bordnetzes die Einführung eines zweiten Energiespeichers erforderlich, um eine zuverlässige und sichere Energieversorgung über die gesamte Lebensdauer des Fahrzeugs zu gewährleisten.

Diese Fähigkeitsanforderungen können Bleiakkumulatoren aufgrund ihrer begrenzten Zyklisierbarkeit und moderaten Ladeakzeptanz als auch ihren Nachteilen in Sachen Gewicht nicht bereitstellen. Insofern sind andere Speichertypen zu implementieren, die eine höhere Zyklenfestigkeit und Leistungsfähigkeit aufweisen. Grundsätzlich können hier Batterietech-nologien, wie Lithium-Ionen, Nickel-Metall-Hydrid oder Doppelschichtkondensatoren eingesetzt werden.

Energiespeichersystem-Topologien

Anhand der adressierten Fahrzeugfunktionen, wie Segeln und Rekuperation, lassen sich zunächst verschiedene Architekturtopologien für das Energiespeichermodul darstellen, **Bild 1**.

Die einfachste Erweiterung der herkömmlichen 12-V-Bordnetzarchitektur stellt die Topologie **Bild 1** (a) dar. Diese kommt bereits in heutigen Fahrzeugen zum Einsatz, um Startspannungseinbrüche im Verbraucherbordnetz während des Startvorgangs zu eliminieren. Neben dieser Funktionalität ist der Ansatz in der Lage die Anforderung einer redundanten Energieversorgung während des Segelbetriebs zu gewährleisten. Während dieser Phasen, bei denen der Motor und somit auch der Generator abgeschaltet sind, wird die zweite Batterie zugeschaltet und versorgt das Bordnetz. Das zentrale Ener-

Bild 1
Topologien zur Rea-lisierung eines Energiespeicher-moduls

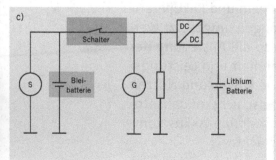

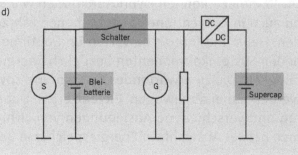

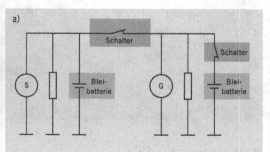

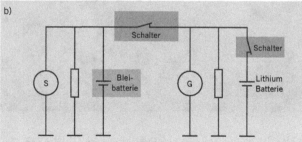

giemanagement des Fahrzeugs muss dann allerdings angepasst werden, damit die Energieentnahme während des Segelns in den Phasen des normalen Fahrens für diese Zusatzbatterie ausgeglichen wird, da diese Entnahme deutlich größer als während des sehr kurzen Startvorgangs ist. Dadurch wird eine deutliche Erhöhung der Zyklisierung dieser Batterie erzeugt, was aufgrund der beschränkten Zyklenfestigkeit zu einer signifikanten Lebensdauerverkürzung der Zusatz-Bleibatterie spricht. Das Rekuperationsvermögen der Variante **Bild 1** (a) wird aufgrund der begrenzten Ladeakzeptanz der Blei-Säure-Chemie nur sehr begrenzt angehoben.

Eine Verbesserung des Ansatzes **Bild 1** (a) stellt die Topologie **Bild 1** (b) dar, in welcher der zweite Energiespeicher mit einer Technologie mit verbesserter Ladeakzeptanz und Zyklenfestigkeit, wie mit Lithium-Ionen-Batteriezellen, realisiert wird. Bereits mit sehr kleinen Speichergrößen kann eine deutliche Steigerung der Einsparung durch Rekuperation selbst bei einer 12-V-Lichtmaschine erreicht werden, **Bild 2** (a und b). Zu beachten ist, dass sich nicht alle Lithium-Ionen-Technologien aufgrund unterschiedlicher Leerlaufspannungskennlinie für eine direkte Kopplung mit einer 12-V-Bleibatterie eignen. Hier muss eine genaue Auswahl getroffen werden. Zudem sollte die Überwachung des Zusatzspeichers erweitert werden, um kritische Tief- und Überladungen zu vermeiden.

Die Topologie **Bild 1** (c) zeigt mehr Flexibilität in der Auswahl der Lithium-Zellen und der Betriebs-/Nutzungsstrategie. Hier besteht der Zusatzspeicher statt aus der Zusatzbatterie inklusive Schalter nun aus einem DC/DC-Wandler und einem Lithiumspeicher, was im Folgenden als Energiespeichersystem (ESS) bezeichnet wird. Der DC/DC-Wandler erlaubt die aktive Ladung und Entladung des Lithiumspeichers während der Rekuperations-

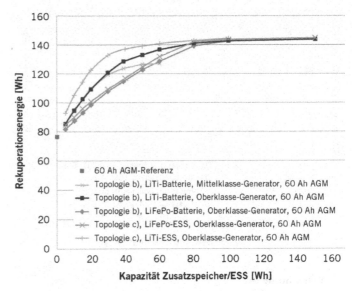

60 Ah AGM-Referenz
Topologie b), LiTi-Batterie, Mittelklasse-Generator, 60 Ah AGM
Topologie b), LiTi-Batterie, Oberklasse-Generator, 60 Ah AGM
Topologie b), LiFePo-Batterie, Oberklasse-Generator, 60 Ah AGM
Topologie c), LiFePo-ESS, Oberklasse-Generator, 60 Ah AGM
Topologie c), LiTi-ESS, Oberklasse-Generator, 60 Ah AGM

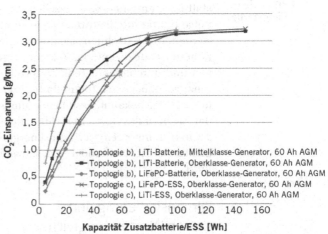

Topologie b), LiTi-Batterie, Mittelklasse-Generator, 60 Ah AGM
Topologie b), LiTi-Batterie, Oberklasse-Generator, 60 Ah AGM
Topologie b), LiFePO-Batterie, Oberklasse-Generator, 60 Ah AGM
Topologie c), LiFePO-ESS, Oberklasse-Generator, 60 Ah AGM
Topologie c), LiTi-ESS, Oberklasse-Generator, 60 Ah AGM

und Segelphasen unabhängig der Betriebsstrategie/Ladestrategie (Spannungsniveau) für die Starterbatterie. Neben der freien Auswahl der Zelltechnologie ermöglicht der Wandler auch die Verwendung einer höheren Spannung als 12 V. Damit kann neben einer Wirkungsgradverbesserung auch eine Reduzierung der Kosten des Wandlers erreicht werden, da dieser nicht für einen Vier-Quadranten-Betrieb ausgelegt werden muss. Die Topologie **Bild 1** (d) zeigt eine Variante des ESS, in der

Bild 2
Rekuperationsenergie und CO_2-Ersparnis für Zweibatterien-Systeme sowie Energiespeichersysteme mit unterschiedlicher Speichertechnologie

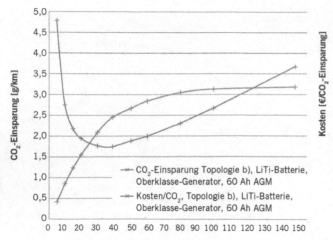

Bild 3
Betrachtung der Kosten zur CO$_2$-Einsparung

statt Lithium-Ionen-Batteriezellen Doppelschichtkondensatoren verwendet werden. Diese zeichnen sich durch eine höheren Ladeakzeptanz, Zyklenfestigkeit und durchhöhere Temperaturtoleranz gegenüber den Lithium-Batteriezellen aus. Wie bekannt, besteht allerdings der Nachteil der Doppelschichtkondensatoren in ihrer sehr geringen Energiedichte, was zu einer erhöhten Zellanzahl führt.

Dimensionierung und Kosten/Nutzen-Vergleich

Die Dimensionierung des ESS muss nach einem möglichst optimalen Kosten/Nutzen-Verhältnis erfolgen. Die möglichen CO$_2$-Einsparungen durch Rekuperation und Segeln wie auch die Kosten des gesamten Energiespeichersystems sind sehr stark von der verwendeten Speicherkapazität abhängig. Bei der Dimensionierung müssen verschiedene Rahmenbedingungen berücksichtigt werden, von denen die optimale Speicherkapazität stark abhängt. Beispielsweise wird die maximal mögliche Rekuperationsenergie durch die verwendeten Lichtmaschinengröße limitiert.

Eine weitere, wichtige Rahmenbedingung ist der minimale oder durchschnittliche elektrische Verbrauch des Gesamtbordnetzes, da hierdurch teilweise bereits ein großer Teil der zurückgewonnenen Bremsenergie direkt verbraucht wird und nicht zwischengespeichert werden muss. Es gibt weitere Parameter wie die Technologie und Kapazität der Starterbatterie, die ebenfalls die im ESS zu speichernde Energiemenge beeinflussen.

Im Folgenden werden die Topologien Bild 1 (b) und Bild 1 (c) für zwei Speichertechnologien (Lithium-Eisen-Phosphat LiFePO und Lithium-Titanat LiTi) und verschiedenen Lichtmaschinengrößen betrachtet. Als Fahrzyklus wurde der WLTP herangezogen und ein konstantes, durchschnittliches Lastprofil des Bordnetzes von 230 W angenommen. Die Referenz für die Rekuperationsbetrachtung ergibt einen Energieinhalt von circa 75 Wh. Der begrenzende Faktor ist hier vor allem die kleine Ladeakzeptanz der Starbatterie. Mit einer Zusatzbatterie der Topologie Bild 1 (b) unter Verwendung von Lithium-Titanat-Zellen und einer Mittelklasse-Lichtmaschine ist eine maximale Rekuperationsenergie von knapp 130 Wh im WLTP möglich. Dies entspricht einer CO$_2$-Einsparung im Vergleich zur Referenz von 2,3 g/km.

Diese Obergrenze ergibt sich aus den im Fahrzyklus definierten Bremsvorgängen und dem Maximalstrom der Lichtmaschine. Für diese Lichtmaschinengröße ist in der Topologie Bild 1 (b) bereits mit einer Kapazität von 50 Wh des Zusatzspeichers die maximale Rekuperationsenergie erreicht. Verwendet man bei gleicher Topologie und Speichertechnologie eine Oberklasse-Lichtmaschine mit einer größeren Nennleistung, so verschiebt sich der Grenzwert der Rekuperation auf circa 145 Wh und die CO$_2$-Einsparung auf 3,2 g/km. Dieser Grenzwert ist allerdings erst bei einer Kapazität des Zusatzspeichers von 80 Wh erreicht.

Kommt als Zelltechnologie Lithium-Eisen-Phosphat zum Einsatz, bleibt der Rekuperationsgrenzwert unverändert, da er von der Lichtmaschine abhängt. Allerdings ist mehr Speicherkapazität notwendig, um den gleichen Grenzwert zu erreichen. Wird nun ein Energiespeichersystem der Topologie **Bild 1** (c) verwendet, so ergibt sich bei Verwendung der Lithium-Titanat-Technologie wieder der gleiche Grenzwert. Allerdings ist im Vergleich zur Topologie (b) weniger Speicherkapazität notwendig, um beispielsweise 80 % des Grenzwerts zu erreichen. Dafür verantwortlich ist der DC/DC-Wandler, der aktiv den Ladestrom des Zusatzspeichers auf die maximale Ladeakzeptanz der Zellen einstellt. Ohne Wandler hingegen ist der Ladestrom auch durch die Maximalspannung der Lichtmaschine begrenzt.

Dass mit zunehmender Kapazitätsvergrößerung das Einsparpotenzial aufgrund des festgelegten Fahrzyklus gegen den maximalen Grenzwert bestimmt durch den Generator läuft und nicht beliebig gesteigert werden kann, erlaubt eine Systemoptimierung gemäß Ersparnis zu Kosten, **Bild 3**.

In dem gewählten Beispiel der Topologie (b) ergibt sich unter Verwendung eines Lithium-Titanat-Speichers eine optimierte Speichergröße von circa 35 Wh. Wird bei einem Fahrzeugen die Segelfunktion verwendet so muss dies bei der Dimensionierung des Zusatzspeichers/ESS berücksichtigt werden. Eine größere Kapazität erlaubt häufigere und längere Segelphasen, da die Redundanz der Energieversorgung länger sichergestellt ist. Für die Dimensionierung ist allerdings eine gute Kenntnis der Durchschnittsdauer der Segelphasen und ihrer zeitlichen Abfolge notwendig. Wie in **Bild 4** dargestellt, muss zur Realisierung der Segelapplikation ein deutlich größerer Energiespeicher als für die Rekuperation verwendet werden. Es ergeben sich durch die Segelapplikation allerdings deutlich größere CO_2-Einsparungen von bis zu 12 g/km. Auch für die Segelfunktion kann ein Optimum bezüglich Kosten-/CO_2-Einsparungen gefunden werden.

Ein weiterer Vorteil eines Zusatzspeichers ist, wie in **Bild 5** dargestellt, die Reduzierung des Stromdurchsatzes der Starterbatterie um bis zu 85 %. Deutlich kann man die Vorteile eines Energiespeichermoduls mit DC/DC-Wandler sehen, da durch den Wandler aktiv die Starterbatterie entlastet werden kann. In Topologie (b) hingegen hängt die Entlastung der Starterbatterie hauptsächlich von dem Verhältnis der Innenwiderstände der beiden Batterien ab. Generell kann also ein ESS mit Wandler die Lebensdauer von Starterbleibatterien schon bei kleinen Kapazitäten deutlich erhöhen beziehungsweise die Reduzierung der Starterbatterietechnologie, hin zur Nassbatterie, erlauben.

Bild 4
Segelapplikation im „Worldwide Harmonised Light Vehicles Test Procedures" (WLTP) und resultierende CO_2-Einsparungen

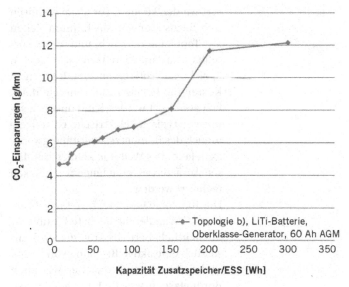

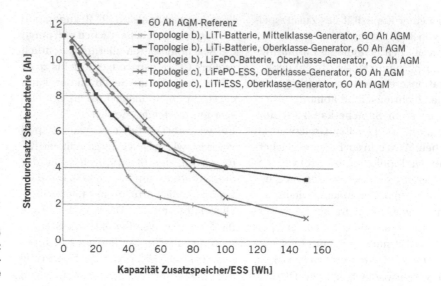

Bild 5
Stromdurchsatz
durch die Starter-
batterie

Fazit

Die diskutierten Energiespeichersystem-Topologien zeigen, dass mit einem zusätzlichen Energiespeicher konventionelle 12-V-Fahrzeuge hinsichtlich der Lebensdauer, Versorgungssicherheit und der CO_2-Emission deutlich verbessert werden können. Vor allem erweisen sich Realisierungen mit Lithium-Zellen aus Topologie Bild 1 (b) und (c) als vorteilhaft, da damit bereits mit sehr kleinen Speicherkapazitäten und somit geringen Kosten die Rekuperationsenergie deutlich gesteigert werden kann und sich somit der typische elektrische Grundverbrauch des Bordnetzes vollständig abdecken lässt. Des Weiteren können mit diesen Ansätzen adäquat lange Segelphasen realisiert werden.

Die Topologie Bild 1 (c) bietet mit ihrem DC/DC-Wandler die höchste Flexibilität hinsichtlich Betriebsstrategie und zusätzlich eine aktive Regelung von Strom und Spannung auf Speicher wie auch Bordnetzseite, was die Einsatzzeit maximiert. Sie ist auch nicht in der Auswahl der möglichen Lithiumtechnologien eingeschränkt. Allerdings verursachen die

DC/DC-Wandler und die aufwendigere Abstimmung der Regelungsalgorithmen höhere Gesamtkosten im Vergleich zu der Topologievariante Bild 1 (b). Diese stellt eine kostenoptimierte Lösung dar, die jedoch in Richtung der Betriebsstrategie und somit auch hinsichtlich der maximalen Effizienzausbeute leicht beschränkt ist.

Im Vergleich zu dem vorgestellten 12-V-Micro-Hybrid mit Energiespeichersystem können mit einer 48-V-Architektur deutlich größere Energien zurückgewonnen werden, da Lichtmaschinenleistungen von bis zu 15 kW möglich sind. Auch die Anforderungen an die Funktion Segeln hinsichtlich einer redundanten Energiequelle sind durch die 48-V- und 12-V-Batterie in Kombination mit dem 48-V-/12-V-DC/DC-Wandler gegeben. Allerdings ist eine Implementierung der hier vorgestellten 12-V-Topologien deutlich einfacher und kostengünstiger zu realisieren als die Einführung einer zweiten Spannungsebene und stellt besonders eine vorteilhafte Lösung für die unteren bis mittleren Fahrzeugsegmente dar. Sollen jedoch Hochleistungsverbraucher, wie die elektrische Wankstabilisierung oder

der elektrische Turbolader, die aus Stabilitätsgründen nicht mehr auf 12 V realisiert werden können, zur Anwendung kommen, ist die Erweiterung auf die 48-V-Bordnetzarchitektur unumgänglich.

Literaturhinweis

[1] Nalbach, M.; Körner, A.; Hoff, C.: Leistungssystemarchitekturen für Micro-Hybrid-Fahrzeuge der nächsten Generation: In ATZelektronik 8 (2013), Nr. 6, S. 434-440

Ihr Bonus als Käufer dieses Buches

Als Käufer dieses Buches können Sie kostenlos das eBook zum Buch nutzen. Sie können es dauerhaft in Ihrem persönlichen, digitalen Bücherregal auf springer.com speichern oder auf Ihren PC/Tablet/eReader downloaden.

Gehen Sie dazu bitte wie folgt vor

1. Gehen Sie zur springer.com/shop und suchen Sie das vorliegende Buch (am schnellsten über die Eingabe der ISBN).
2. Legen Sie es in den Warenkorb und klicken Sie dann auf „zum Einkaufwagen/zur Kasse".
3. Geben Sie den unten stehenden Coupon ein. In der Bestellübersicht wird damit das eBook mit 0, - € ausgewiesen, ist also kostenlos für Sie.
4. Gehen Sie weiter zur Kasse und schließen den Vorgang ab.
5. Sie können das eBook nun downloaden und auf einem Gerät Ihrer Wahl lesen. Das eBook bleibt dauerhaft in Ihrem Springer digitalem Bücherregal gespeichert.

Ihr persönlicher Coupon

GBz2BEHSCSGRcfD